配电网管理系列丛书

增量配电网全过程
多维精益化管理

The whole process multi-dimensional lean management of Incremental distribution network

编 委 会

编　　著：何惠清　韩　坚　申益平

主　　任：刘　松

副 主 任：郑琼玲　高江敏

委　　员：肖　纯　彭　奕　何建东

姜　珊　喻照明　黄　华

黎　涛　彭　翔　熊腕成

江苏大学出版社
JIANGSU UNIVERSITY PRESS
镇　江

图书在版编目(CIP)数据

增量配电网全过程多维精益化管理 / 何惠清，韩坚，申益平编著. — 镇江 ：江苏大学出版社，2020.8
ISBN 978-7-5684-1406-7

Ⅰ. ①增… Ⅱ. ①何… ②韩… ③申… Ⅲ. ①配电系统—运营管理 Ⅳ. ①TM727

中国版本图书馆 CIP 数据核字(2020)第 157901 号

增量配电网全过程多维精益化管理

Zengliang Peidianwang Quanguocheng Duowei Jingyihua Guanli

编　　著/何惠清　韩　坚　申益平
责任编辑/张小琴　吴蒙蒙
出版发行/江苏大学出版社
地　　址/江苏省镇江市梦溪园巷 30 号(邮编：212003)
电　　话/0511-84446464(传真)
网　　址/http://press.ujs.edu.cn
排　　版/镇江市江东印刷有限责任公司
印　　刷/江苏凤凰数码印务有限公司
开　　本/787 mm×1 092 mm　1/16
印　　张/10
字　　数/204 千字
版　　次/2020 年 8 月第 1 版　2020 年 8 月第 1 次印刷
书　　号/ISBN 978-7-5684-1406-7
定　　价/52.00 元

如有印装质量问题请与本社营销部联系(电话:0511-84440882)

前　　言

随着我国社会经济的发展，工业等产业进入飞速发展期，推动着电力市场的急速增长，电网规模进入爆发期。随着电力体制改革的快速推进，作为“最后一公里”的增量配电网也迎来高速发展轨道，增量配电网管理面临前所未有的历史机遇与新的挑战。

精益化管理，顾名思义，其核心在于“精”与“益”，即如何用最少的资源为用户提供最高质量的服务或产品，通过不断改进企业的盈利能力，为企业带来更多的经济效益。传统的配电网管理理念、复杂烦琐的工作流程、落后的管理模式，直接影响增量配电网企业的管理水平。增量配电网建设受各种内外部因素影响，现行的增量配电网建设管理面临着严峻的形势和挑战，管理基础相对薄弱，管理手段和方法存在一定缺失，对电网企业的效益提升带来了潜在影响和风险。因此，迫切需要更新管理模式与管理理念，促进增量配电网管理水平的提升。

本书分为7个章节，介绍精益化管理的一些基本理论方法，主要从规划、建设、运维、调度、营销、大数据等角度讲述增量配电网的多维度精益化管理。由于编者能力和水平有限，书中疏漏之处在所难免，恳请读者批评指正。

目 录

Contents

第 1 章

绪 论

1.1 增量配电网概述

1.1.1 增量配电网的定义

增量配电网原则上是指110 kV及以下电压等级电网和220（330）kV及以下电压等级工业园区（经济开发区）等局域电网，不涉及220 kV及以上输电网建设。

1.1.2 增量配电网业务的定义

增量配电网业务是指满足电力配送需要和规划要求的增量配电网投资、建设、运营及以混合所有制方式投资配电网增容扩建。除电网企业存量资产外，其他企业投资、建设和运营的存量配电网，属于增量；但依托自备电厂建设增量配电设施的，现阶段不属于增量配电网业务。

1.1.3 增量配电网政策关键点

1.1.3.1 增量配电网业务投资形式

总体来说，增量配电网业务投资有两种形式：第一种是电网企业引入社会资本成立混合所有制公司；第二种是其他国有或集体资本与社会资本共同参股成立混合所有制公司。

由于第二种投资形式会给电网的建设、运营、收益带来更多的不确定性，为有序推进增量配电网发展，目前采用可操作性强的第一种投资形式。在第一种投资形式下，按照产权划分的增量配电网业务有两种投资方式：对于电网企业以外的其他企业投资的存量配电投资业务，存量配电网产权所有者、省级电力公司、符合条件的社会资本等主体在协商自愿的基础上成立混合所有制供电公司；对于以混合所有制投资的新增配电业务，以省级电力公司绝对控股、符合条件的社会资本参股，组

建混合所有制公司。

1.1.3.2　增量配电网运营模式

单个增量配电网项目涉及投资者、运营者、用户 3 个主体，增量配电网项目的运营模式如图 1-1 所示。向地方政府能源管理部门申请并获准开展增量配电业务的项目业主，拥有配电区域内与电网企业相同的权利，并切实履行相同的义务。增量配电网项目的运营权可以由项目业主拥有，也可以委托给电网企业或符合条件的售电公司。投资者仅拥有投资收益权。运营者享有配电区域内投资建设、运行和维护配电网络的权利，享有稳定购电的权利，获取配电服务收入、相关增值服务收入及保底供电补贴。运营者向用户提供配电服务、保底供电服务及有偿增值服务。

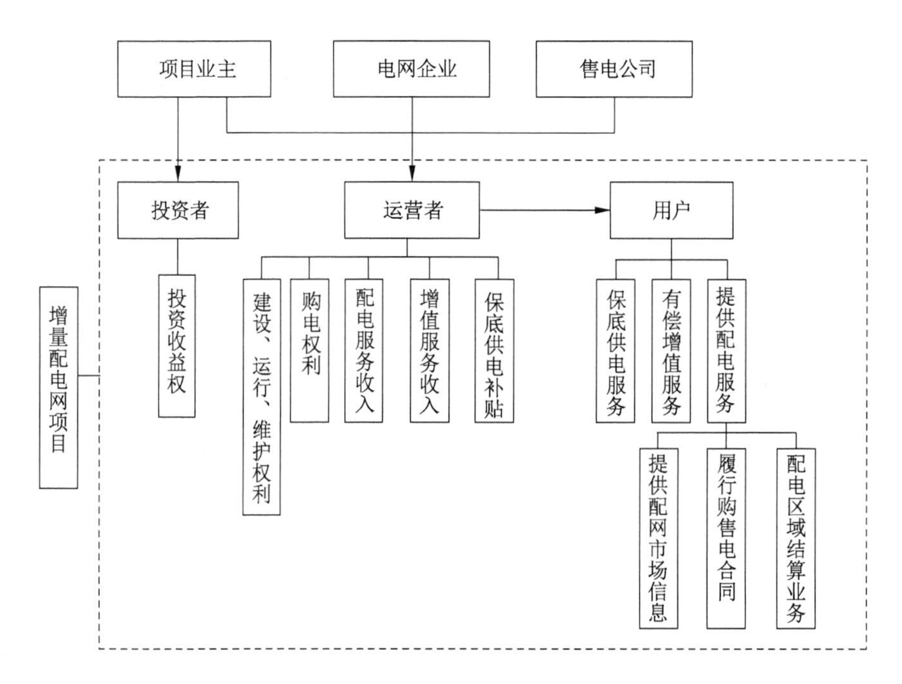

图 1-1　增量配电网项目的运营模式

1.1.3.3　增量配电网规划建设关键点

新电改明确指出了“三放开、三加强、一独立”的改革重点及基本路径，在秉持改革的五项基本原则的基础上，设计了“放开两头，管住中间”的体制框架。此次电力体制改革方案中，与配电网规划相关的内容主要有以下 4 个方面：

（1）有序推进电价改革，理顺电价形成机制。

各省市输配电价的单独核定工作正处于不同进展阶段，这使得电网公司过去的购销差价盈利模式被打破，电网公司的配电网收益模式将转换为按政府监管下的“合理成本，合理盈利”模式。因此，电网公司必须按照输配电价核定规则改变配电网建设改造的策略，争取成本最小化。

（2）推动电力多方直接交易，完善市场化交易机制。

当前社会在不断推动电力直接交易范围，发电与用户的直接交易将无规律性地提高配电网潮流不确定风险。同时，市场化交易机制的不断完善将有可能促进园区中小型公司的自由组建，以大用户的形式开展直接交易，从而导致大用户数量骤增，增加配电网规划的难度。

（3）开放电网公平接入，建立分布式电源发展新机制。

分布式发展也将加大配电网潮流分布的不确定性，且由于先进储能、新能源汽车等技术的发展，用电负荷的主动性增加，更加大了配电网规划的难度。电网公司应积极评估分布式对电网规划的影响，按照输配电价的核定规则，在配电网建设和改造工程后，向定价部门争取合理收益的输配电价。

（4）稳步推进售电侧改革，有序向社会资本放开配电业务。

可以预见，未来的配电网主体将趋于多元化，这一发展趋势将使电网公司难以对所有配电网进行统筹规划。由于电网公司盈利模式的转变，配电业务是公司获取利润的主要业务之一，配电网的占有比例直接决定了配电业务的盈利规模。因此，公司应立足配电网建设竞争规则，利用资金优势与技术优势，在增量配电网建设中争取主动，选取优质目标市场，扩大配电业务盈利规模。

1.1.4 增量配电网精益化管理的意义

增量配电网业务是当下电力改革的热点与重点。增量配电网企业如何更好地进行供电服务，解决供电服务中出现的问题，是促进增量配电网企业长久发展的动力。而增量配电网企业的不断发展不仅会丰富当下的电力市场，还将会倒逼存量配电网服务的提升，从而促进整个电力行业不断发展。

在企业发展和内外部环境的压力下，电力相关企业逐步探索和实践精益管理，逐步建立有效的管理方式，激发企业创新动力。在社会需求越来越高、工作强度和密度越来越大的当前形势下，更好地从企业内部进行调整，建立利用有限的人力、物力实现效益最大化的经济体系是当务之急。精益管理经过 20 多年的深化和革新，可以采用简明有效的手段来完成这一目标。增量配电网精益化管理正是在精益思想的基础上，为了克服旧有管理模式中的种种不足而提出的。

随着配电线路设备持续增多，施工运行检修作业量呈现出高增长态势。同时配电网自动化项目的大量推进，对增量配电网自动化建设、运维管理也提出了更高的要求。随着增量配电网一次、二次设备规模的急剧增加，设备量越来越大，接线方式愈加复杂，增量配电网管理的压力将与日俱增。增量配电网管理涉及专业较多，专业之间是否团结协作直接关系到增量配电网管理效率。此时亟须增量配电网精益

管理的深入实施和实践，使增量配电网管理工作上升一个台阶，适应新形势下坚强智能配电网精益管理的要求。

1.2 精益化管理理论及应用

1.2.1 精益化管理理论概述

1.2.1.1 精益化管理的概念

丰田汽车公司是世界上首个提出精益化生产方式的企业，它凭借这一重要举措一举成为国际汽车市场中的佼佼者。20 世纪 80 年代，美国麻省理工学院对汽车行业中的精益化管理模式进行了深入研究，在《改变世界的机器》一书中详细描述了丰田汽车公司提出的这一全新管理理念。随着时代的不断发展，精益化管理不仅适用于制造业，还适用于各个行业的市场营销、配套协作等活动。正是因为这一理念对提高企业竞争力具有显著作用，使得大量学者纷纷投身于这一领域的研究中，精益化管理理念也逐渐得到了广泛推广。

精益化管理，顾名思义，其核心在于“精”与“益”，即如何用最少的资源为用户提供最高质量的服务或产品，通过不断改进企业的盈利能力，为企业带来更大的经济效益。

1.2.1.2 精益思想体系

总体上而言，精益思想体系的主要内容有以下 3 个方面：

（1）以人本主义为核心。精益化管理十分看重员工素质，并且企业还应重视激发每个员工的工作积极性，给予员工充分的尊重，不是将员工视为企业的从属，而是应该将员工视为企业的合伙人，基于精益化思想来挖掘员工潜能，重视企业文化的建设工作。

（2）优化库存。在精益化思想主导下，企业库存是导致资源浪费的核心原因，我们可以从以下两个方面来理解这一观点：第一，企业的库存越多，其经营成本越高，带来的资金浪费和资金积压也就越严重，这也意味着企业的经营效率较低；第二，企业的库存在很大程度上反映企业的经营模式是否存在问题。对于企业而言，产品有部分库存是非常必要的，但是很多企业并未重视对可能引发高库存行为的管理工作，有时候企业为了能够尽快交货采用了粗放式生产模式，而企业通过库存管理便能发现其中存在的不足。

（3）永不满足。精益化管理强调企业的产品没有最好，只有更好，这种永不满足的理念促使企业不停地进步，不断改善自身的经营，按时完成订单生产，持续改进产品质量。

1.2.1.3 精益化网格管理

网格化管理在国外发达国家中最初被引入街区管理中，即根据街区的实际面积和地理信息把该区域划分为若干个网格单元，每个网格均为街区管理的最小单元，通过明确各网格区域中的管理负责人，实现对区域内的全方位监管。“格”，即将管辖对象划分为若干个空间单位后的最小单位；而“网”则是将这些单位连接在一起的纽带；“网格化”即将网格内所有资源合理配置到各网格中，让各个网格之间达到协作状态。

网格化管理的主要特征如下：

（1）信息化。网格化管理必须要充分以信息数据为依托，可以说这些信息数据是网格化管理的核心所在，企业要想实现网格化管理就必须充分了解各个员工、各个设备的相关信息。正是由于网格化管理依托于信息基础，因此企业的信息系统对企业开展网格化管理作用显著，一套完善的信息系统能够帮助企业收集更多、更准确的信息数据，为企业管理者的决策提供科学依据。

（2）精细化。网格化管理模式的精细化特征主要体现在它是将企业原先的管理区域划分为若干个子区域，通过明确不同环节中的管理重点，形成高效、合理、持续的业务改进机制，而且这也有助于企业管理部门对各业务流程的了解，实现对企业的系统管理。例如，北京东城区的城市管理模式就是先将城市管理元素划分为106类，其中包含46万个子元素。具体到每个垃圾箱、每个路灯的管理，真正意义上实现了对城市各细节的系统管理。

（3）动态化。网格化管理的另一重要特征便是管理过程的动态化，一旦其中某个网格单元在管理上出现疏忽，管理系统即会及时将问题反馈到管理层，并且为管理层分析问题成因，同时还能够提供针对性解决措施，以此来大大提高管理的主动性与时效性。

（4）责任化。网格化管理能够将所有网格的管理责任具体落实到个人，这种管理模式不仅能够权责分明，而且可以避免出现管理交叉的现象。

（5）综合化。网格化管理需要整合网格内的所有资源，从宏观角度追求综合最优的资源配置。

在我国，最早引入网格化管理模式应用的是城市公安巡逻系统，由于这种模式成效较好，因此其他政府部门也纷纷引入这种管理模式，如工商管理部门、劳动保障部门。

1. 网格化开展社区巡视管理

社区管理中的网格化管理是以小区为单位将整个社区划分为若干个子区域，各子区域内的巡视管理主体相对独立，并且各主体也承担着独立的管理责任。网格化社区巡视管理主要包括以下工作：巡视人员主要负责各种社会问题，一旦发现违规违法行为须及时举报，并且负责批评、教育和协助等工作。例如，北京市社区网格化管理就是由公安部门通过电子地图综合分析各网格，对各网格的安全风险进行评估，针对案发率较高的网格采取强化巡逻的方式；上海市也采用了网格化街头巡逻方式，利用网格化工具对上海各个地区实施 24 小时不间断管理，真正意义上实现了社区巡视管理的高效化、统一化和全覆盖。

2. 网格化开展市场监管工作

市场监管中的网格化管理是根据道路将管辖区域划分为若干个责任区域，由工商管理部门负责对各网格内经济户口的监管。基于网格化管理的市场监管能够从根本上实现对辖区内所有经济户口的有效监控，还能让工商执法者从先前的静态监管转变为动态行为监管，从传统的登记检查转变为主动出击，让管理工作变得更具有主动性和针对性，无论是监管质量还是监管力度都显著提高，有效缓解了传统管理模式下各自为政的问题。

3. 网格化开展劳动保障监察

基于网格化管理模式的劳动保障监察是以网格为单位开展一系列劳动保障监察活动，通过将具体工作责任细化到个人，实现对管辖区域的全面监管。例如，2004 年，上海市构建了一套劳动保障的网格化监察模式，有效解决了原先监察力量薄弱的问题，通过让一大批经过专业训练的保安参与到社会治安保障工作中，有效整合了社会管理资源，再利用网格化工具来帮助专业监察力量与保安监察力量的对接，大大提高了区域内的监察效果。

4. 网格化开展教育培训工作

基于网格化管理模式的教育培训是以小区为单位将管辖区域划分为若干个网格，根据该网格划分来进行招生、招聘教师等活动。例如，北京市将整个东城区划分为五大网格，根据各个网格的实际情况来进行教育管理，在不同网格中均配置了相应的学校和各项教育机构，有效配置了整个东城区的教育资源，并且每个网格还制定了独立的教学评价指标，提高对教学质量评估的针对性，取得了良好成效。

综上所述，现阶段我国网格化管理模式大多运用在政府公共管理领域，很少有电网企业采用这种新型管理机制，增量配电网企业的管理和社会管理问题具有很多相似性，所以增量配电网企业应该对精益化网格管理模式的应用进行深入的探究。

1.2.1.4 精益化管理在电网行业的应用情况

目前，各国学术界对于精益化管理理念的研究大多以制造业领域为主，对于其他行业中的精益化研究也以浅显的理论研究为主，很少有学者专门研究电网领域中的精益化管理，即便是有极少数学者尝试了相关研究，也是侧重于从整体角度出发。有的研究学者指出当前有必要在电网企业中进行精益化管理，并且专门给出了具体的实施方法，指出了其中的重点问题。有的研究学者则从成果推广、立项评估、分层管控和过程监督这4个方面深入研究了我国电网企业应如何进行精益化管理，并指出通过精益化管理能够大大提高我国电网企业的创新能力，同时有助于电网企业的社会形象与公司绩效的提升。有的研究学者通过案例分析法研究了湖北十堰供电公司在开展了精益化管理前后的绩效水平差异，基于5S管理理论提出通过精益化管理该供电局的员工面貌发生了重大变化，整个组织的精神面貌焕然一新。有的研究学者在研究上海供电局的管理现状时引入了基于价值驱动的整体规划理念，指出企业管理作为典型的实践活动，其整体规划应以价值驱动，以此作为精益化管理的具体实施路径。还有的研究学者通过研究发现，企业的精益化管理必须和其绩效管理结合起来，以员工工作为切入点，从而达到良好的管理效果。

1.2.2 精益化管理的核心原则

在1996年，由James Womack和Daniel Jones所著《精益思想》一书出版发行。他们将生产系统的成功理论延伸到企业的各项管理业务，将精益生产升华为一种精益化管理理论，并将精益化管理思想进行了深化总结，给出了五大核心原则：

（1）客户确定产品的价值

很多生产企业在以前的产品设计时，总是喜欢以自我为中心，根据自我喜好进行产品的设计、研发及生产，常常有很多是用户没有必要或不需要的内容，并将这些生产的成本转移给用户。精益思想就是需要以客户的需求为中心，以客户的视角进行产品的研发及生产，避免产品在生产销售过程中产生浪费的情况，从而不将额外的生产成本转嫁到客户的身上。

（2）站在客户的立场上识别产品的价值

这里说到的价值流就是指原材料通过研发设计、生产加工，并最终成为产品的过程，这个过程中一般会产生增值的活动。识别价值流就是在这个过程中找到哪些活动是真正能够增值的活动，哪些活动是不能够有效增值的，而这些不能够有效增值的活动往往是需要立即去掉的。通过识别价值流，就是要发现生产过程中产生的浪费，并尽可能在精益化管理中消灭这些浪费。具体包括有没有按照组织的状况去判断浪费，即使是在生产或供应流程中必需的库存，如果存留时间过长，也会产生不必要的成本，对顾客来说也是浪费。只需要在顾客需要的时候，按需要的量提供所需的东西即可。

（3）价值流不间断流动

流动，即要求整个研发设计、生产过程、生产活动能够快速流动起来，避免出现业务部门间的壁垒，以及大批量生产衔接不协调导致的价值流停滞。在精益化管理思想中，这种价值流的停滞也是一种浪费，必须要针对这种浪费进行持续的改进，例如通过质量管理，针对设备的完好性、可靠性进行管理，就是一种价值保障。

（4）让客户拉动价值

拉动就是根据客户的具体需求以及客户预订的交货日期组织开展产品的生产，使用户在他们所期望的时间能够得到他们期望的产品，从而避免生产出来的成品中多出仓储管理、现场管理等不必要的成本，这样既可以降低生产成本又能够提高客户的满意度。

（5）永远追求尽善尽美

基于以上4个原则开展精益化管理活动的执行与工作改进，必然使得整个生产活动中价值流的流动速度加快，这样就可以发现更加隐蔽的浪费，从而再一次开展评估和改进，由此进入一个趋于尽善尽美的良性循环。

1.2.3 精益化管理的分析方法

1.2.3.1 层别法

层别法（Stratification）就是为区分所收集数据中各种不同的特性、特征对结果产生的影响，把性质相同、在同一条件下收集的数据归纳在一起，归纳为有意义的类别，以便进行比较分析。

应用实践中，影响结果变动的因素很多。层别法可根据实际情况把这些因素进行区别，得出变化规律。层别法的应用，主要是一种系统概念，即想要把杂乱无章的数据或信息进行处理，就必须懂得如何把这些资料加以有系统、有目的的分门别类的归纳及统计。

1.2.3.2 头脑风暴法

头脑风暴法，又称脑力激荡法或自由思考法（畅谈法、集思法等），是由美国创造学家奥斯本于1939年首次提出、1953年正式发表的一种激发性思维方法。其过程是无限制地自由联想和讨论，从而产生新观念或激发创新设想。采用头脑风暴法组织群体决策时，通常是组织业务专家就有关事宜召开专题会议，主持人以明确的方式向所有参与者阐明问题，尽力创造融洽轻松的会议气氛，鼓励人们自由畅想，根据严禁批评、自由奔放、多多益善、搭便车等原则，自由提出尽可能多的方案。头脑风暴法能够使人们进行客观、有效、连续的分析，为所讨论的问题找到一组切实可行的方案，因此在实践中得到了较为广泛的应用。

1.2.3.3 鱼骨图分析法

鱼骨图（fishbone analysis method），又叫石川图，是日本管理大师石川馨先生发明的。它是一种发现问题“根本原因”的方法，也被称为“Ishikawa”或者“因果图”。鱼骨图分析法的特点是简捷实用、深入直观，经常被用在工商管理中建立分析模型。

本书在梳理业务主题问题原因时，采用了问题类型鱼骨图，问题的要素与特性不是原因关系，而是结构构成关系，通过头脑风暴找出配电网建设全过程管理的精益管理项目异动原因，并将它们按照归属类别结构整理成层次分明、条理清楚的根因分析图。

第 2 章 增量配电网多维精益化规划管理

2.1 增量配电网规划管理内容

通过研读和分析精益化管理理论可知，对增量配电网规划管理工作进行优化时，要坚持走精益化路线。比如：在制定网格化配电网规划目标的过程中，遵循小而精、大化小的原则，对配电网总体和长远目标进行逐层分解，这实际上就是精益化作业理论的内涵。制定各个网格发展目标时要严格遵循顾客确定价值原则，将用户数量、用户的要求考虑进去，体现出配电网建设标准的差异化，将有限的资源用于建设令客户满意的配电网上。除此以外，还要遵循价值流原则，设计配电网规划考核量化指标时侧重于技术绩效指标和经济指标，改变过去不重视投资效益分析的格局，这样才能科学、合理地对电网进行改造，及时发现和解决规划中的问题，杜绝配电网投资低效或无效的问题。坚持尽善尽美的原则，从软性和硬性两个方面评估网格化配电网规划，建立一套闭环的全过程增量配电网规划管理机制，实现增量配电网规划管理的优化。

2.1.1 网格化市场需求预测与评估管理

增量配电网的收益来源于负荷的增长和电量的销售，负荷增长快、电量销售多的是投资者衡量增量配电市场投资性价比的基本考量因素，因此科学合理的市场需求评估预测决定了投资主体的投资决心和投资决策。

目前开展负荷预测管理工作时主要以行政区为单位，范围过广导致无法搜集到较为准确、细致的资料，所以本书进行市场需求预测时将以市政道路围成的小网格作为基本单位。预测步骤：先以市政街区为最小单位对当前负荷情况进行了解，如用电性质、负荷密度、负荷大小等。然后筛选恰当的方法来预测负荷，方法必须与目标区域内业扩报装、政府土地整体利用规划相适应，具体来说，就是对各市街区小网格的愿景负荷进行测算。最后以现有负荷数据、远景预测结果为依据，划分各市政街区的类型：发展不确定区、快速发展区、发展饱和区。其中，土地已无明显利用空间，且负荷稳定的属于发展饱和区；负荷处于稳步增长状态，且目标区域尚不具备明确发展方案的区域属于发展不确定区；负荷增长空间大，而且区域有明确的发展规划和远景负荷便属于快速发展区。

2.1.2　网格化增量配电网架规划管理

2.1.2.1　高压网架规划管理

增量配电网高压网架规划建设方案包括：上级 220 kV 电网的规划结果等边界条件分析；网供负荷预测及电力平衡分析；变电规划（变电容量需求分析、变电建设规模、规模合理性分析、变电站布点方案等）；网架规划（网架结构规划、线路通道规划、线路建设规模等）；电气计算（潮流计算、短路计算、供电可靠性计算等）；供电安全分析；线损分析。可根据需要进行变电站用地需求和廊道选择。必要时，应进行高压配电网远期展望，论述高压配电网变电站布点与网架结构等。

增量配电网高压网架规划应遵循标准化、差异化的规划建设原则，以深入分析现状问题为出发点，对问题进行梳理、分级。分别采用“自上而下”定容量和“自下而上”校验协调的方法，统筹考虑高中低压电网规划建设的协调性。依托负荷预测结果及电力平衡情况，确定各电压等级变电站座数，再参考控规中用地布局情况，结合变电站的供电半径，进行新增变电站布点，将各变电站布置在负荷中心，以便就近供带负荷。

最终，将规划建设的思路落到完善网架结构、提高供电能力的项目上，全面促进电网规划建设项目落地，确保电网发展规划与政府规划有机衔接和有效落地，并正确、全面地纳入政府规划体系，发挥电网饱和目标规划的引领作用，促进电网科学发展，体现行业规划的宏观性和指导性。

2.1.2.2　中压网架规划管理

采用由远及近的规划思路，中压网架规划管理具体分三步走：

首先，绘制配电网远景发展蓝图。以城市总体规划和各区块控制性详细规划为导向，做好远景负荷预测和供区定位，设计配电网远景目标网架。远景负荷预测结果决定网络规模，供区定位决定供电可靠性和电压质量等技术指标，从而确定网架结构和供电半径。

然后，寻找配电网建设和城市发展、居民生活中的平衡点。根据远景目标网架做好供电设施布局规划，并和政府部门交换统一意见，将供电设施布局规划纳入城市规划，使其具备法律效应，保证建设时能顺利落地。尽量做到近期建设项目结合城市建设项目进行，做到配电网建设项目不扰民、少扰民，避免路面重复开挖、线路拆而复建等重复建设、投资浪费现象。

最后，为近中期建设工作提供指导性意见。近期方案具体到每个项目，建立项目库，为未来几年配电网建设项目可研、资金安排等工作提供具体依据。

2.1.3 网格化配电网规划执行管理

本书将执行管理节点纳入网格化配电网规划管理流程，目的就是使配电网规划真正得以实现。具体而言，就是在评审网格化配电网规划之后，生成配套策略，以闭环的方式监控所有小网格，切实了解日常管理中配电网规划的落实情况。通过对比，判断规划是否偏离了目标，若有则找出造成偏离的原因，采取相应的改进措施，纠正偏离，保证配电网规划落地，要从成本、绩效、风险等角度去考察网格化配电网规划执行管理的落实情况，这样才能提升建设效率，减少不必要的浪费，在技术和经济上获得理想的回报，顺利达成最初的建设目标。

2.1.4 增量配电网规划后评价管理

为了避免增量配电网规划受主观人为因素的影响，保证规划编制的质量，通过全电网和区域目标的实现程度反映每个网格规划方案的可操作性。实践中，可以从以下方面来校核网格化配电网规划成果：一是分析网格化规划的技术型。检查和评估是否存在重大安全隐患，如供电能力弱、过载现象，还要理顺电网运行质量与网格化规划之间的相关性，以免配电网绩效因电网被划分为若干小网格而受影响。二是分析网格规划的经济性。评估网格划分有无导致大量资产报废的后果，以及现有资产是否得到合理的分配和使用。比如：划分网格的过程中要谨慎地选择中压路径，选择时要以电网现状和愿景网架作为参考依据，避免造成大量资产报废。三是要协调和处理好全局电网规划目标、区域网格内优选方案、单一网格内规划方案之间的关系，以免因三者间的矛盾而影响规划效益。

2.2 增量配电市场需求预测与市场评估

2.2.1 增量配电市场需求预测内容与方法

电力负荷预测是配电网规划设计的基础和重要组成部分，即根据不同区域、不同社会发展阶段、不同的用户类型及空间负荷预测结果，确定负荷发展特性曲线，分析现状电网的电量、负荷及负荷特性，预测规划期内的用电量和最大负荷，为配电网建设方案提供依据。

电力负荷预测的基础数据包括经济社会和自然气候数据、上级电网规划对本规划区的负荷预测结果、历史年负荷和电量数据等。配电网规划应积累和采用规范的负荷及电量历史系列数据，作为预测依据。

结合城乡规划和土地利用规划的功能区域划分，是开展规划区空间负荷预测的常用方法。通过分析和预测规划水平年供电小区土地利用的特征和发展规律，预测相应小区电力用户和负荷分布的地理位置、数量和时序。

负荷预测通常采用不同预测方法（宜以 2 ~ 3 种方法为主，其他几种方法校验）进行预测计算，对于不同预测结果根据外部边界条件分别制定高、中、低预测方案，以其中一种方案为推荐结果。

负荷预测主要内容包括电量需求预测、负荷特性参数分析、电力需求预测、分电压等级网供负荷预测和空间负荷预测。

具体内容及作用详见表 2-1。

表 2-1　负荷需求预测的主要内容

项目	说明	具体内容	作用
电量需求预测	预测规划期内总用电量	① 预测规划期逐年的用电量（如全社会用电量、分行业电量、分产业电量等）及其增长率； ② 预测远景年的用电量	明确规划期内电网的负荷水平
负荷特性参数分析	描述配电网负荷变化特性，反映负荷随时间变化的趋势	分析最大负荷利用小时数、负荷曲线（日、周、年）、年持续负荷曲线、峰谷差、负荷率等指标	① 表征负荷发展趋势的相关指标，用于负荷预测； ② 负荷曲线用于优化规划方案的边界条件
电力需求预测	预测规划期内的最大负荷	① 预测规划期内逐年的最大负荷及其增长率； ② 预测规划远景年最大负荷	① 提出对上级电源的需求； ② 分析配电网应具备的最大供电能力
分电压等级网供负荷预测	预测各电压等级网供负荷	110（66）、35 kV 各电压等级公用变压器所供负荷	计算各级电网变（配）电容量需求
空间负荷预测	预测负荷的地理空间分布	确定各区域负荷分布的位置、大小和时间	① 用于变（配）电站选址、定容、馈线路径选择等； ② 确定远景年的负荷水平，为目标网架提供依据

2.2.1.1 阶段划分

负荷预测应分期进行，分为近期、中期和远期预测。近期预测为5年，一般需列出逐年预测结果，为变（配）电设备增容规划提供依据；中期预测为5~15年，一般需列出规划水平年的预测结果，为阶段性的网络规划方案提供依据；远期预测为15年及以上，一般需侧重饱和负荷预测，提出高压变电站站址和高、中压线路廊道等电力设施布局规划。

1. 近中期负荷预测

近中期负荷预测主要采用自然增长率法、大用户法、空间负荷密度指标法、人均用电指标法，其预测思路简介如下。

（1）自然增长率法

分析历史年负荷逐年的增长率、国民经济的增长率，再根据国民经济预测及产业结构调整情况，确定规划年负荷增长率，从而得到规划年的负荷。

（2）大用户法

大用户的发展方向体现了宏观经济的发展趋势、国家和地区的经济政策、地区经济的产业结构特点、地区阶段性的资源优势（能源、矿产、土地、运输、水资源等）。某一地区新增大用户集中代表了该地区经济发展的热点和特点，是宏观经济发展过程中矛盾的特殊性的体现。应用大用户法进行电力负荷预测，可以较准确地抓住地区经济热点的转换，把握短期内的负荷变化趋势。

（3）空间负荷密度指标法

空间负荷密度是指在单位面积上的平均负荷值。如赣湘开放试验合作区将分为近、中、远3个开发时序，每期开发面积及地块性质明确，适用于空间负荷密度法预测负荷总量。

（4）人均用电指标法

人均用电指标法也称综合用电水平法，主要根据地区人口和每个人口平均年用电量来推算年用电量，城市生活用电可按每户或每人的平均用电量来推算，工业和非工业等分类用户的用电量可按每单位设备装接容量的平均用电量来推算。对于现在和历史的综合用电水平可通过资料分析和典型调查取得；对于将来各目标年的人口、户数、设备装接容量的预测值，可通过城市规划部门和用户的资料信息或外推法得到。同时各目标年的综合用电水平还可参照国内外同类型城市的数据或用外推测算。

2. 远期负荷预测

远期负荷预测主要采用空间负荷密度指标法和类比法进行校核。

（1）空间负荷密度指标法

空间负荷密度是指在单位面积上的平均负荷值。空间负荷密度指标法能充分利用城市建设规划成果，结合城市发展计划等，对城市各地块的负荷需求进行详细分析和预测，不仅能汇总得出城市的负荷总量，还能得到负荷的空间分布情况。在土地利用规划的基础上，根据地块的用地性质，对地块各水平年的负荷进行预测，通过各类负荷的特性曲线，对不同用地性质地块的负荷进行叠加，得出全局的负荷总量。

（2）类比法

类比法是对类似事物做对比分析，通过已知事物对未知事物或新事物做出预测。例如，要新建一个经济开发区，从动工兴建到正常运作，逐年的电量需求是一个新事物，需要在规划设计时做出预测，以便统筹安排。由于没有历史数据，不可能进行模型预测，在这种情况下采用类比法是有效的。在用类比法的时候，用于比较的两个事物对研究的问题要具有相似的主要特征，这是比较的基础。两个事物之间的差异要区别处理，有的可以忽略，有的可用于对预测做个别调整或系统调整。

2.2.1.2　基础数据需求

历史数据资料是负荷预测的基本依据，负荷预测计算方法中涉及的参数多直接取自于历史数据或经历史数据推算而来，资料的全面性及权威可信度对预测结果具有重要影响。

1. 资料收集内容

对配电网负荷的预测需要搜集最近连续 5 年以上地区电网公司和社会经济发展的有关资料，应包括但不限于以下资料：

（1）历年电力消费用电负荷、用电量、用电构成、各类型电源装机容量，供电区域全年时序负荷数据（8 760 小时整点数据）。

（2）经济发展现状及发展规划：如国内生产总值及年增长率、三次产业增加值及年增长率、产业结构等，重点行业发展规划及主要规划项目，城乡居民人均可支配收入。

（3）人口现状及发展规划：人口数及户数、城乡人口结构、城镇化率。

（4）能源利用效率及用电比重变化。

（5）行业布局、大负荷用户报装及分布。

（6）地区负荷密度、地区控制性详细规划。

（7）国家重要政策资料（如限制高耗能政策等）及国内外参考地区的上述类似历史资料。

（8）地区气象、水文实况等其他影响季节性负荷需求的相关数据。

（9）其他地区及国家的有关资料（指标）：重点行业（部门）的产品（产值）单位电耗、人均 GDP、人均用电量、人均生活用电量、电力弹性系数、负荷密度、产业结构比例等。

2. 基础数据处理

由于资料的来源、统计计算口径及调查方法的不同都会对资料的可信度产生不同的影响，因此要对调查搜集来的资料进行甄别，一般挑选资料的标准为具有直接相关性、可靠性和时效性。基础数据的整理应遵循以下原则：

（1）资料的补缺推算，如果中间某一项的资料空缺，可利用相邻资料取平均值近似代替；如果开头或末尾某一项空缺，可利用比例趋势法计算代替。

（2）对不可靠资料要加以核实：对能查明原因的异常值可用适当的方法加以修正；对原因不明而又没有可靠修正根据的资料应剔除。

2.2.2 增量配电市场电量需求预测

电量需求预测是一段时间内电力系统的负荷消耗电能总量的预报。常用的预测方法包括电力消费弹性系数法、产业产值用电单耗法、类比法、分部门预测法、人均电量法、平均增长率法、一元线性回归法、指数曲线增长趋势法等。

2.2.2.1 电力消费弹性系数法

1. 电力消费弹性系数的定义

电力消费弹性系数是指一定时期内用电量年均增长率与国民生产总值（GDP）年均增长率的比值，是反映一定时期内电力发展与国民积极发展适应程度的宏观指标。其计算公式如下：

$$\eta_t = \frac{W_t}{V_t} \tag{2-1}$$

式中，η_t 为电力弹性系数；W_t 为一定时期内用电量的年均增长速度；V_t 为一定时期内国民生产总值的年均增长速度。

2. 预测步骤

电力消费弹性系数法是根据历史阶段电力弹性系数的变化规律，预测今后一段时期的电力需求的方法。该方法可以预测全社会用电量，也可以预测分产业的用电量（即所谓的分产业弹性系数法）。其主要步骤如下：

（1）使用某种方法（增长率法、回归分析法等）预测或确定未来一段时期的电力弹性系数 η_t。

（2）根据政府部门未来一段时期的国民生产总值的年均增长率预测值与电力消费弹性系数，推算出第 n 年的用电量，预测公式如下：

$$W_n = W_0 \ (1 + \eta_t)^n \tag{2-2}$$

式中，W_0 和 W_n 分别为计算期初期和末期的用电量。

3. 适用范围

由于电力消费弹性系数是一个具有宏观性质的指标，描述一个总的变化趋势，不能反映用电量构成要素的变化情况，因此，电力消费弹性系数法一般用于对预测结果的校核和分析。这种方法的优点是对数据需求相对较少。

例如，某地区过去十年电力弹性系数为 1.3，2010 年的用电量为 20 亿 kWh，2010—2017 年的 GDP 产值平均增量率取为 13%，结合历史数据及地区发展规划，2010—2017 年电力弹性系数取值 1.21。预测 2017 年的用电量为

$$W_{2017} = W_{2010}\ (1+\eta V)^{n} = 20 \times\ (1+1.21\times 0.13)^{7} \approx 55.6$$

因此，该地区 2017 年的用电量预测为 55.6 亿 kWh。

2.2.2.2　产业产值用电单耗法

产业产值用电单耗法先分别对产业（部门）进行电量预测，得到行业用电量；然后对生活用电进行单独预测，计算地区用电量。

1. 产业产值单耗法的定义

每单位国民经济生产总值所消耗的电量称为产值单耗。产业产值单耗法是通过对国民经济三大产业单位产值耗电量进行统计分析，根据经济发展及产业结构调整情况，确定规划期三大产业的单位产值耗电量，然后根据国民经济和社会发展规划的指标，计算得到规划期的产业（部门）电量需求预测值。

2. 预测步骤

（1）根据负荷预测区内社会经济发展规划及确定的规划水平年 GDP、三大产业结构比例，计算至规划水平年逐年的三大产业增加值。

（2）根据三大产业历史用电量和三大产业的用电单耗，使用某种方法（如平均增长率法等）预测得到各年三大产业的用电单耗。

（3）各年三大产业增加值分别乘以相应年份的三大产业用电单耗，分别得到各年份三大产业的用电量：

$$W = kG \tag{2-3}$$

式中，k 为某年某产业产值的用电单耗；G 为预测水平相应年的 GDP 增加值；W 为预测年的需电量指标。

（4）三大产业的预测电量相加，得到各年份的全行业用电量：

$$W_{行业} = W_{一产} + W_{二产} + W_{三产} \tag{2-4}$$

（5）居民生活用电量预测

生活用电预测方法主要有人均居民用电量指标法、增长率法、回归法等。以人均居民用电量指标法预测居民生活用电量，主要步骤如下：

① 根据政府规划中的人口增长速度，预测出规划期各年的总人口数；再根据规划的城镇化率，计算出规划期各年的城镇人口数，由总人口和城镇人口的差值便可

以计算得到规划期各年的农村人口数。

② 根据政府规划的城镇和乡村现状及规划年人均可支配收入，分别预测出规划期各年的城镇、乡村人均可支配收入。

③ 根据居民人均可支配收入和居民人均用电量进行回归分析，分别得到规划期内各年的城镇、农村人均用电量。

④ 规划期各年的人均用电量和人口相乘，分别得到规划期各年的城镇、乡村用电量。

⑤ 城镇、乡村用电量相加，得到规划期内各年的居民用电量。

3. 适用范围

用电单耗法方法简单，对短期负荷预测效果较好，但计算比较笼统，难以反映经济、政治、气候等条件的影响，一般适用于有单耗指标的产业负荷。

2.2.2.3 类比法

1. 类比法的定义

类比法，是对类似事物做出对比分析，通过已知事物对未知事物或新事物做出预测，即选择一个可比较对象（地区），把其经济发展及用电情况与待预测地区的电力消费做对比分析，从而估计待预测区的电量水平。

2. 预测步骤

（1）收集对比对象历年经济发展资料（如 GDP、三大产业结构比例、人均 GDP）及相应年份的人均用电量、用电单耗、城市建成区面积等。

（2）收集待预测区基准年、规划水平年的 GDP、人口、城市建成区面积、用电量等相关指标。

（3）确定待预测区规划水平年的人均 GDP 指标相当于对比对象的哪一年，及对比对象相应水平年的人均用电量、用电单耗指标。

（4）计算待预测区规划水平年的用电量、负荷密度。

3. 适用范围

计算简单，易于操作，但预测结果受人口因素影响显著，一般适用于短、中期电量需求预测。

2.2.2.4 平均增长率法

1. 平均增长率法的定义

平均增长率法是利用电量时间序列数据求出平均增长率，再设定在以后各年电量仍按这样一个平均增长率向前变化发展，从而得出时间序列以后各年的电量预测值。

2. 预测步骤

（1）使用 t 年历史时间序列数据计算年均增长率 α_t。

$$\alpha_t = (Y_t/Y_1)^{\frac{1}{t-1}} - 1 \tag{2-5}$$

（2）根据历史规律测算以后各年的用电情况。

$$y_n = y_0 (1 + \alpha_t)^n \tag{2-6}$$

式中，y_0 为预测基准值；α_t 为第 t 年预测量的增长率；y_n 为计算期末期的预测量；n 为预测年限。

3. 适用范围

这种方法理论清晰，计算简单，适用于平稳增长（减少）且预测期不长的序列预测。一般用于近期预测。

例如，某地区 2000—2010 年的电量增长率为 5%，2010 年的用电量为 25 亿 kWh，预测 2017 年的用电量为

$$W_{2017} = W_{2010} (1 + \alpha)^n = 25 \times (1 + 0.05)^7 = 35.2$$

因此，该地区 2017 年的用电量预测为 35.2 亿 kWh。

2.2.2.5　一元线性回归法

1. 一元线性回归模型

如果两个变量呈现线性相关趋势，通过一元回归模型将这些分散的、具有线性关系的相关点拟合成一条最优的直线，说明现象之间的具体变动关系。一元线性回归模型如下：

$$y_t = a + bt \tag{2-7}$$

式中，y_t 为随时间线性变化的预测量。

2. 计算步骤

用最小二乘法估计式（2-7）中的系数 a 和 b，得

$$\begin{cases} b = \dfrac{\sum t_i y_i - \bar{y} \sum t_i}{\sum t_i^2 - \bar{t} \sum t_i} \\ a = \bar{y} - b\bar{t} \end{cases} \tag{2-8}$$

将式（2-8）代入式（2-7），可推测未来值：

$$y = a + bt' \tag{2-9}$$

式中，a 和 b 为回归方程系数；t_i 为年份计算编号（样本年中间年份编号为 0，之前年份为 −1，−2，…；之后为 1，2，…），也可是与电量增长相关的国民经济指标 GDP 等；$\bar{t}$ 为各 t_i 之和的平均值；y_i 为历年样本值；$\bar{y}_i$ 为第 i 年数（样本年数）预测对象的平均数。

3. 适用范围

线性增长趋势预测法是对时间序列明显趋势部分的描述，因此对推测的未来

"时间段"不能太长。对变量是非线性增长趋势的，不宜采用该模型。该方法既可以应用于电量预测，也可以应用于负荷预测，一般用于负荷变化规律性较强的近期预测。

2.2.3 增量配电市场电力负荷需求预测

增量配电市场电力负荷预测是对某一时段内最大负荷的预报，又称最大负荷预测。电力负荷预测可以单独进行，如采用平均增长率法；也可以根据电量预测结果计算电力负荷预测值，如采用最大负荷利用小时数法。对于配电网，由于能够较好地掌握用户及报装信息，因此也可以考虑采用需用系数法、大用户法、业扩工询法、业扩量对比法等进行预测。

2.2.3.1 平均增长率法

平均增长率法是根据历史规律和未来国民经济发展规划，估算今后电力负荷的平均增长率，并以此测算目标年的负荷情况，即

$$y_n = y_0 \prod_{t=1}^{n} (1 + a_t) \tag{2-10}$$

式中，y_0 为预测基准值；α_t 为第 t 年预测量的增长率；y_n 为计算期末期的预测量；n 为预测年限。

增量配电网区域一般属于初期开发阶段，随着园区招商引资及政府开发建设力度的加大，电量的增长可考虑高一点的年均增长率，同时做好高、中、低 3 个预测方案。

2.2.3.2 最大负荷利用小时数法

最大负荷利用小时数法适用于最大负荷的预测。在已知未来年份电量预测值的情况下，可利用其计算该年度的年最大负荷预测值，即

$$P_t = \frac{W_t}{T_{max}} \tag{2-11}$$

式中，P_t 为预测年份 t 的年最大负荷；W_t 为预测年份 t 的年电量；T_{max} 为预测年份 t 的年最大负荷利用小时数，可根据历史数据采用外推方法得到。

最大负荷利用小时数法为最大负荷利用小时数 = 用电量 ÷ 最大负荷，计算简单，易于操作，需要首先计算出用电量后，近、中、长期预测均可使用。

该方法计算步骤如下：

（1）根据历史年逐年电量及负荷数据，计算历史年 T_{max}。

（2）根据 T_{max} 历史数据，采用运用时间序列法等方法对 T_{max} 进行预测。

（3）根据已知未来年份电量预测值预测的 T_{max} 值，计算相应年度的年最大负荷预测值。

2.2.3.3　需用系数法

需用系数是指用户的用电负荷最大值与用户安装的设备容量的比值，通常用以预测最高负荷，预测公式为

$$P = K_d S \tag{2-12}$$

式中，P 为最高负荷；K_d 为需用系数；S 为设备容量。

需用系数取值主要参考《配电网规划设计手册》中相关指标，结合目标园区实际情况综合确定。表 2-2 给出了我国上海市各行业用户需用系数统计值，供读者参考。

表 2-2　上海市各行业用户的需用系数

行业	平均值	上限	下限
农、林、牧、渔业	0.392	0.293	0.491
制造业	0.411	0.405	0.418
批发和零售业	0.426	0.41	0.443
房地产业	0.362	0.347	0.377
教育	0.222	0.201	0.245
租赁和商务服务业	0.347	0.324	0.371
交通运输、仓储和邮政业	0.264	0.238	0.291
公共管理、社会保障和社会组织	0.36	0.333	0.396
建筑业	0.308	0.268	0.349
科学研究和技术服务业	0.385	0.347	0.425
水利、环境和公共设施管理业	0.17	0.136	0.206
文化、体育和娱乐业	0.325	0.289	0.362
住宿和餐饮业	0.35	0.315	0.385
电力、热力、燃气及水生产和供应业	0.319	0.283	0.355
卫生和社会工作	0.401	0.361	0.459
信息传输、软件和信息技术服务业	0.300	0.264	0.342
金融业	0.340	0.285	0.396

2.2.3.4　大用户法

大用户法是在地区最高负荷的基础上，结合业扩工询法推算地区最高负荷的方法。预测公式为

$$P_m = P_0(1 + K)^m + \left[\sum_{n=1}^{n}(S_n K_d)\eta_d\right]\eta \tag{2-13}$$

式中，P_m 为预测目标年最高负荷，预测下一年时 $m=1$，预测下两年时 $m=2$，以此类推；P_0为基准年最高负荷扣除已有大用户负荷；K 为最高负荷的自然增长率；S_n 为第 n 个大用户的装接容量；K_d 为第 n 个大用户所对应的 d 行业需用系数；η_d 为 d 行业的同时率；η 为各行业之间的同时率①。

地区现有用户的自然增长因素、地区新增用户的申请容量、新增用户的需用系数等主要计算参数，可由规划人员根据历史数据、专家经验及同行业参考值确定。

2.2.4 增量配电市场空间负荷预测

空间负荷预测能够根据用地性质，预测出增量配电网区域的最终饱和负荷，以确定最终的电网投资建设规模。

1. 空间负荷预测定义

空间负荷预测主要用于有控制性详细规划地区的负荷预测，一般采用空间负荷密度法计算。负荷密度（指标）是最高负荷与用地面积（建筑面积）的比值。将规划区域用地按照一定的原则划分成相应大小的规则（网格）或不规则（变电站、馈线供电区域）的小区（小到0.1 km^2），通过分析、预测规划年城市小区土地利用的特征和发展规律，进一步预测相应小区中电力用户和负荷分布的地理位置、数量和产生的时间。

空间负荷预测主要采用负荷密度法（指标），根据预测年限内负荷密度与用地面积（建筑面积）推算最高负荷。预测公式为

$$P = \sum (DS)\eta \tag{2-14}$$

式中，P 为最高负荷；D 为负荷密度（指标）；S 为用地面积（建筑面积）；η 为同时率，一般根据各类负荷的历史情况推算得到。

使用负荷密度指标法时，居住用地与公共建筑一般采用负荷指标，对应建筑面积；工业用地等采用负荷密度，对应占地面积。负荷密度（指标）可通过类比国内或国外相同性质用地进行取值。

2. 计算步骤

（1）根据政府控制性详细规划确定的各个地块用地性质、用地面积和容积率等指标，按《城市电力规划规范》确定的城市建设用地用电负荷分类，统计规划区分地块及分类用地性质、建筑面积。

---

① 在电力系统中，负荷的最大值之和总是大于和的最大值，这是由于整个电力系统的每个用户不大可能同时在一个时刻共同达到用电量的最大值，反映这个不等关系的一个系数就被称为同时率。同时率即电力系统综合最高负荷与电力系统各组成单位的绝对最高负荷之和的比率。

$$S = S_{zd}k_{rj}$$

式中，S 为建筑面积；S_{zd}为占地面积；k_{rj}为容积率。

（2）确定单位建筑面积用电指标及单位占地面积用电指标。《城市电力规划规范》仅规定居住建筑用电（20 ~ 60 W/m^2）、公共建筑用电（30 ~ 120 W/m^2）、工业建筑用电（20 ~ 80 W/m^2）三大类指标，且指标跨度比较大。为了使负荷密度指标能够代表未来发展情况，通过对发达地区大中型城市的同类型负荷的负荷密度情况进行调查及类比分析，提出规划区单位建筑面积用电指标及单位占地面积用电指标。依据《中国建筑电气》和《工业与民用建筑供电》选取需用系数，计算各类用地单位面积用电指标。

（3）单位面积用电指标 = 单位建筑面积用电指标（单位占地面积用电指标）× 需用系数。

（4）计算规划区用电负荷及各地块负荷。

（5）对负荷预测结果采用人均综合电量、人均生活电量、负荷密度三项指标进行校核，分析预测结果合理性。

2.2.4.1　空间分区建立

1. 地块负荷预测

为了对各个地块的配变容量进行规划，需要预测小地块的负荷分布情况。因此，对于局部区域的电网规划，其负荷预测的目的不仅是要得到负荷的总量，而且要得到负荷的空间分布。为得到负荷预测增长位置的信息，需要对预测区域在空间上进行分区。

2. 需用系数调查

考虑目标园区远期定位，需用系数可参照表 2-2 中所给的上限并根据实际情况适当调整。

3. 同时率选取

城市电网规划中采用空间负荷预测时，各个分地块负荷值最后要合并叠加起来得到规划区域总的终期负荷值，由于存在负荷同时率的问题，对于不同类型的负荷不能直接把它们简单相加，因此需要将不同类型的负荷按负荷特性曲线相加，从而得到合理的总负荷值。

2.2.4.2　负荷密度指标选取

不同性质用地的发展定位不尽相同，导致各类负荷密度指标不同，因此负荷指标的确定应以相关规范为指导，类比调查不同地区相同用地性质负荷密度，结合预测区域的实际情况合理取值。典型城市负荷密度及负荷指标见表 2-3。

表 2-3　典型城市负荷密度及负荷指标

用地名称				负荷密度/（$MW \cdot km^{-2}$）		负荷指标/（$W \cdot m^{-2}$）	
				低方案	高方案	低方案	高方案
R	居住用地（以小区为单位测得）	R1	一类居住用地			25	35
		R2	二类居住用地			15	25
		R3	三类居住用地			10	15
C	公共设施用地（以用户为单位测得）	C1	行政办公用地			50	65
		C2	商业金融用地			60	85
		C3	文化娱乐用地			40	55
		C4	体育用地			20	40
		C5	医疗卫生用地			40	50
		C6	教育科研用地			20	40
		C9	其他公共设施			25	45
M	工业用地（以用户为单位测得）	M1	一类工业用地	45	65		
		M2	二类工业用地	30	45		
		M3	三类工业用地	20	30		
W	仓储用地（以用户为单位测得）	W1	普通仓储用地	5	10		
		W2	危险品仓储用地	10	15		
S	道路广场用地	S1	道路用地	2	2		
		S2	广场用地	2	2		
		S3	公共停车场	2	2		
U	市政设施用地			30	40		
T	对外交通用地	T1	铁路用地	2	2		
		T2	公路用地	2	2		
		T3	长途客运站	2	2		
G	绿地	G1	公共绿地	1	1		
		G2	生产绿地	1	1		
		G3	防护绿地	0	0		
E	河流水域			0	0		
特殊区域							
	大型展览馆			20	25	50	70

根据典型城市负荷密度及负荷指标，结合区域所在地的经济发展前景和不同地块的功能、面积等信息，即可计算得到空间负荷预测的结果。国内不同地区典型的负荷密度指标见表 2-4。

表 2-4　国内不同地区负荷密度指标

行业	地区	小区名称	负荷密度指标/（$W \cdot m^{-2}$）
居住	天津	美湖里小区	35
	保定	华电生活宿舍小区	22.5
	临沂市区	沂龙湾	25
	宜春	希望小区	24
	抚州	学府世家	20
商业	上海	塘桥商城	70
	天津	滨江国际大饭店	69
	天津	金皇大厦	57
	无锡	无锡华光珠宝城	42
	上海	众城商厦	123
	北京	紫金大溪珠宝城	82
	义乌	小商品城Ⅰ、Ⅱ期	60
	保定	朝阳路中心商业小区	40
	抚州	东信财富广场	25
文化娱乐	临沂	临沂图书馆文化大厦	34
医疗卫生	天津	天津医科大学总医院	47
	重庆	垫江县人民医院	35
	重庆	黄沙医院	25
	抚州	市医院	30
教育科研	天津	天津市社会主义学院	31
	抚州	荆公小学	18
体育设施	北京	万叶体育中心	20
行政办公	北京	经开区	70
	上海	大上海时代广场	50
	西宁	汇通商务楼	30
	抚州	东乡区政府	15

2.2.5　供电市场划分

2.2.5.1　供电市场划分的目标

供电区域划分是增量配电网规划建设的基础，是实现差异化规划和标准化建设的重要手段，能够引导投资主体在增量配电网区域内的投资重点和投资倾向，以提高投资的精准性和可行性。分区的主要目标如下：

（1）差异化指导规划：开展供电区域划分，将配电网统一进行分类分区，充分体现地区发展情况和电网差异特点，并在此基础上开展配电网规划，真正做到科学、合理、经济规划。

（2）分区统一技术标准：以供电区域为单元细化分类标准，建立适用于不同类型供电区域的配电网技术标准体系和标准模块，确保同类型的地区建设标准相同。

2.2.5.2　供电市场划分的原则

（1）应以规划目标年的负荷密度进行划分；

（2）应与行政区划相协调；

（3）应考虑电力用户重要性；

（4）应与上级电网相协调；

（5）应与运行管理要求相协调；

（6）应不遗漏、不交叉重叠。

2.2.5.3　供电市场划分方法

配电网供电区域划分应包括确定基本区块、负荷密度计算、供电区域分类、合理性校核4个步骤。具体如下：

1. 确定基本区块

根据行政区域确定供电区域的边界，并考虑以下因素影响：

（1）市政总体规划；

（2）道路、山脉、河流、高速铁路等电网建设影响因素；

（3）行政边界；

（4）变电站布点及间隔资源；

（5）配电网运行管理的要求；

（6）大网分层分区对配电网的影响。

2. 负荷密度计算

根据划分的供电区域，计算该区域的负荷密度。

3．供电区域分类

在计算所得负荷密度的基础上，按照国家、企业有关标准确定供电区域的分类。

4．合理性校核

结合各区域经济发展情况，分析供电区域面积、用户可靠性要求、最大负荷等，校核供电区域划分结果的合理性。

2.2.5.4　供电市场划分层级

电网规划应坚持与经济、社会、环境协调发展，注重适度超前和可持续发展的原则，因此应根据城市的定位、经济发展水平、负荷性质和负荷密度等划分城市级别和供电区。不同级别的城市和不同类别的供电区应采用不同的建设标准，参见表 2-5。

A + 类区域：省会及重点城市核心区域。

A 类区域：地级市城市核心区（一般为政府所在地或商住集中区域）、国家级经济技术开发区的建成区（负荷密度大于 15 MW/km^2）。

B 类区域：地级市城市的建成区、县城（县级市）中心城区、售电量超过 20 亿 kWh 的县级供电企业所在地的全部县城城区（建成区）、国家级经济技术开发区的建成区（不满足 A 类标准）、省级经济技术开发区的建成区。

C 类区域：县城周边、经济技术开发区的建成区（不满足 B 类标准）、一般城镇。

D 类区域：以农业为主区域、山区、丘陵等负荷密度较低区域。

E 类区域：除上述 4 类区域外的区域为 E 类区域。

表 2-5　供电区域划分参考表

供电区域		A +	A	B	C	D	E
行政级别	直辖市	市中心区或 $\sigma \geqslant 30$	市区或 $15 \leqslant \sigma < 30$	市区或 $6 \leqslant \sigma < 15$	城镇或 $1 \leqslant \sigma < 6$	农村或 $0.1 \leqslant \sigma < 1$	
	省会城市、计划单列市	$\sigma \geqslant 30$	市中心区或 $15 \leqslant \sigma < 30$	市区或 $6 \leqslant \sigma < 15$	城镇或 $1 \leqslant \sigma < 6$	农村或 $0.1 \leqslant \sigma < 1$	
	地级市（自治州、盟）		$\sigma \geqslant 15$	市中心区或 $6 \leqslant \sigma < 15$	市区、城镇或 $1 \leqslant \sigma < 6$	农村或 $0.1 \leqslant \sigma < 1$	农牧区
	县（县级市、旗）			$\sigma \geqslant 6$	城镇或 $1 \leqslant \sigma < 6$	农村或 $0.1 \leqslant \sigma < 1$	农牧区

注：① σ 为供电区域的负荷密度（MW/km^2）。

② 供电区域面积一般不小于 5 km^2。

③ 计算负荷密度时，应扣除 110 kW 专线负荷，以及高山、戈壁、荒漠、水域、森林等无效供电面积。

根据增量配电网区域的电力负荷需求预测的结果，划定增量配电网地区的供电区域类型，再根据《配电网规划设计技术导则》等标准规范的要求，合理规划建设增量配电网区域，提高建设的科学合理性和投资的经济可行性。

2.3 增量配电网网架规划精益管理

2.3.1 精选“一点两线”

采用“一点两线”分层分区的总体思路：以“功能分区”划分为载体，将规划区以空间发展为“纬”，划分为“片区—功能分区—供电单元—小区”4个层级；以时间发展为“经”，分为近期、中期和远景饱和期。以配电网建设规划导则为核心点，采用模块化配电网规划研究思路，对分区在时间序列上进行打包规划。近期规划侧重现状电网评估和设备可靠性评估，找出薄弱环节，分析网架结构，提出改造意见；远景规划的主要目的是明确电网分区、确定网架、预留站点、通道和走廊，为近期规划确定目标；中期规划的主要目的是承上启下，指出近期电网到远景电网的过渡思路和方式，确定电网中期目标网架，同时将电网建设与城市发展相结合，使电网建设略超前于经济发展。

（1）做好电网建设各环节的衔接、输配协调与合理平滑过渡。综合掌握把控规划建设的各环节，贯彻“规划是一个整体”的理念，做好各环节的衔接，包括各项工作流程与计划的衔接、各级电压等级的协调、各设备间的衔接、各项目指标与运行情况的衔接等；在明确目标与近期建设重点的情况下做好规划建设的合理平滑过渡。

（2）合理配置资源，做好站址、走廊的准确预留。结合目标网架规划及各项目建设时序等情况，结合调研分析，明确不同发展阶段的站址与走廊的需求与可行性情况，为规划建设的前期工作提供充分的理论与实践基础，及时、合理配置资源。

（3）加强规划深度，保证项目科学、合理、可实施。通过城市总体规划、控制性详细规划、政府相关单位调研、用户报装、现场调研勘查等手段，结合现状电网及近期目标网架结构，制定近期逐年详细过渡方案，具体到每个站、每条线，提供充分的建设理由，规划做到可研程度；明确站址的具体位置与占地情况，明确通道走廊回数与规格等。

2.3.2 精准诊断分析

电网规划遵循标准化、差异化的原则，以深入分析现状问题为出发点，按照“做实、做细、做深”的理念，对现状问题进行梳理、按照轻重缓急原则分级汇总。一级问题是指线路重过载、配变平均负载率过高的线路，此类问题线路影响配电网的安全运行，需在下一年高峰负荷来临之前解决。二级问题是指线路负载率偏高或不能通过“N－1”校验等的线路。此类线路事关配电网供电可靠性及经济性，考虑在建设期间结合中压出线工程逐步进行解决。三级问题主要涉及设备的标准和性能问题，包括老旧设备、高损配变、小截面线路等，将在今后的电网规划建设项目中同步解决。

2.3.3 精细负荷定位

以空间负荷分布预测为基础构建本次规划平台，为了对上级电网提出变电容量需求需要预测总量负荷。为了对各个地块的配变容量进行规划需要预测小地块的负荷分布情况。因此，对于局部区域的电网规划，其负荷预测的目的不仅要得到负荷的总量，而且要得到负荷的空间分布。为得到负荷预测增长位置的信息，需要对预测区域在空间上进行分区。

（1）片区划分。根据目标地块总体规划，依据区域内空间结构、产业总体布局，将目标地块进行片区划分。

（2）功能分区。根据所划分的片区远景规划用地情况，按道路、水域、铁路等又将各个片区划分为以生态休闲、居住为主，以高新产业、科研教育、居住为主，以商业商务为主，以居住、体育文化为主，以行政办公、商业金融为主等功能区。

（3）供电单元。将目标地块各个功能分区，按照不同性质用地分类进一步细化拆分为供电单元。

（4）小区划分。小区的划分是负荷分布预测的基础，按照不同性质用地分类，在目标地块范围内按照街块及用地性质划分若干个用地小区。每个小区中只包含一种性质的用地，且只属于一个功能分区，并对每个小区进行详细的编号。

在负荷预测方面，小区的负荷预测实质上是对街区范围内配变的负荷预测；供电单元和功能分区负荷预测实质上是对分区范围内馈线的负荷预测；片区负荷预测实质上是对片区范围内变电站的负荷预测。

空间划分与层次负荷的对应关系如图 2-1 所示。

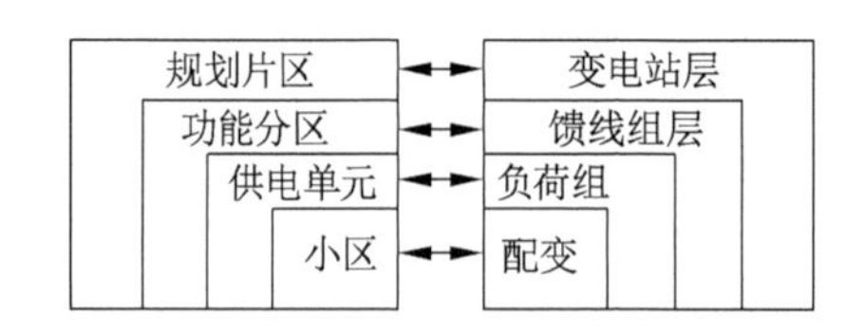

图 2-1　空间划分与层次负荷的对应关系

2.3.4　“一点两线”的核心点

2.3.4.1　制定地区适用性建设规划导则

以配电网规划技术导则为依据，结合目标地块电网实际应用情况及实际电网发展情况，制定适用于目标地块的易施行、易管理的具体技术方案导则。例如，中压电网结构和选择：根据目标地块城市定位、电网发展及廊道建设情况，规划区电网建设主要采用电缆形式，以单环网接线为主；在城市外围及工业分布区局部采用架空形式，结合区域内用户重要程度分布情况，在商业比较集中的城市综合体区域，采用开关站供电模式，对于市政府行政办公区及重要用户分布区域采用双环网供电模式，对于负荷相对比较均匀分布的居民、小型商业区域采用单环网供电模式，对于高速两侧工业及部分居民区采用架空三分段适度联络方式。

2.3.4.2　总体目标，分阶段实施

将目标地块建设成一个覆盖城乡的智能、高效、可靠、绿色的现代化城市电网，主要供电服务指标、配电网运行效率、效益指标达到区域先进水平。

2017—2018 年，随着目标地块配电网规划的逐步实施，重点解决现有电网存在问题，积极优化电网结构，提高供电能力。

2019—2022 年，满足区域内新增负荷的用电需求，加强标准化 10 kV 网架建设，完善 10 kV 目标网架，提高供电可靠性。

2023—饱和年，逐步构建 10 kV 目标网架，加快智能化建设，提高智能化应用水平，提升供电品质。

2.3.5　精益方案制定

2.3.5.1　高压规划

分别采用“自上而下”定容量和“自下而上”校验协调的规划方法，统筹主配电网的协调性。依托负荷预测结果及电力平衡情况，确定各电压等级变电站座数，再参考控规中用地布局情况，结合变电站的供电半径，进行新增变电站布点，将各变电站布置在负荷中心，以便就近供带负荷。

结合市政，确保实施。为了做好电网规划与市政规划的衔接，将规划变电站布点纳入目标地块总体规划及控制性详细规划。规划对新增的变电站均进行站址预留，并依据远景 10 kV 配电网规划、110 kV 电网规划及目标地块市政规划，结合现有电缆通道，制定目标地块电缆通道规划。

最终，将规划的思想落到项目上，全面促进电网规划项目落地，确保电网发展规划与政府规划有机衔接和有效落地，并正确、全面地纳入政府规划体系，发挥电网饱和目标规划的引领作用，促进电网科学发展，体现行业规划的宏观性和指导性。

2.3.5.2　中压规划

采用“分层分区”的构建方法，将目标地块划分为 4 个层级。根据片区划分明确每座变电站的供电范围；根据功能分区及供电单元合理划分每回线路供电区域，站间环网线路尽量在供电范围边界取得联络，避免变电站出线跨区供电，每个功能分区内原则上构建不超过 3 组的标准网架结构，以便达到线路供电范围清晰，网架结构简单，运行维护方便，进而逐步实现配电网规划目标。根据负荷组（0 ~ 2 MW）划分标准，明确每一段线路所装接的配变容量及所接入负荷类型；根据低压供电半径等相关要求，确定每个低压台区供电范围，保证供电质量。

1. 相对独立，模块化规划

将城市空间依据地缘特性和用地性质分为若干“功能分区”，以功能分区为载体进行模块化规划，每个功能分区都具有相对独立的接线方式及过渡方案，易于整体规划方案的调整和滚动修编。

首先，对功能分区的现状进行分析，梳理现状问题、根据规划定位及负荷预测结果、依据中压线路的供电能力（400 电缆按 5 MW 考虑，留有 50% 裕度）得出建设规模，根据“差异化”设计原则选择组网模式得出目标网架，以现状为基础、以问题为导向制定近中期过渡方案，近期方案达到可研深度，并与规划成效进行总结，通过地块、功能分区的打包规划，可以有效地避免经济社会发展形势、政策变化等带来的不确定性影响，极大地提高规划方案的适应性和可实施性。

2. 确保深度，体现内涵

结合现状电网及饱和目标电网架构，制定近期逐年详细过渡方案，具体到每个站、每条线，提供充分的建设理由，规划做到可研深度，确保“深度”。广泛运用先进科学的规划辅助决策软件，确保规划网络的科学性、合理性和可实施性，体现“内涵”。

3. 因地制宜，资源调整

针对10 kV备用间隔不足问题，专门制定《变电站屏柜资源优化方案》，建议对长期轻载的10 kV线路通过切改线路负荷、减少线路出线回数，增加可利用间隔，同时考虑通过新建开关站扩充10 kV出线间隔。通过优化整合有效解决间隔资源利用效率低下问题。

4. 电气计算，可靠性评估

完成10 kV配电网规划后，选取一组双环网线路、一组单环网线路、一组单联络线路作为典型线路，进行潮流计算、短路电流计算，结合电气计算结果，校核电网规划方案合理性。同时利用配电网规划计算分析软件，采用故障模式后果分析法进行可靠性评估。

2.3.6 精确指标校核

运用科学完整的现状电网分析评估体系，明确现状电网存在的问题，指导电网建设发展的方向和重点。运用科学的规划效果评估体系，对规划后的各项指标（包括现状存在的三级问题解决情况、技术指标、经济指标、社会指标等）进行综合分析和全方位校核，明确规划的效果。

最终达到问题分析清晰化、电网项目分类精细化、电网项目入库科学化、电网建设完成情况可视化。

2.3.7 配电网规划的步骤

配电网规划的基本步骤如下：

（1）应与城市总体规划和国民经济发展规划协调一致，需从调查研究现有电网入手，分析电力增长规律，解决电网薄弱环节，优化电网结构，提高电网的供电能力和适应性。做到近期与远期相结合、新建与改造相结合，实现电网接线规范化和设备标准化。在电网安全可靠和保证电能质量的前提下，实现网架坚强、装备先进适用、经济合理的目标。

（2）积极主动地与目标地块管委会规划部门联系，取得目标地块经济社会发展历史数据、总体规划（控制性详细规划）、国民经济和社会发展规划第一手材料，并据此预测规划期负荷及用电量增长情况。

（3）根据负荷预测结果和电力平衡状况提出电源点布局建议，将变电站布点在供电区负荷密集地区，使其能够就近供电，以充分发挥投资效益。

（4）根据实际的规划变电站选址，结合功能分区划分，合理确定变电站供电范围和10 kV线路供电范围及其中压线路道路走廊。

（5）目标地块目前处于大规模开发建设阶段，涉及线路迁改问题比较多，电力改迁线路必须以目标网架确定的截面及回路数统筹考虑建设规模，占据廊道及争取站点。

（6）符合环境保护的要求，合理利用土地资源，构建和谐社会，建设资源节约型社会。在输配电工程中，按照因地制宜、因网制宜的方针，不仅要选择最佳路径、最佳站址，确定效益最佳设计方案，保证工程质量，减少工程投资，还要积极将节能的新科技、新措施应用到实际中去。采取有效措施，使变电站和输电线路对环境影响程度最小，土地资源得到最合理的利用。

配电网规划的流程如图 2-2 所示。

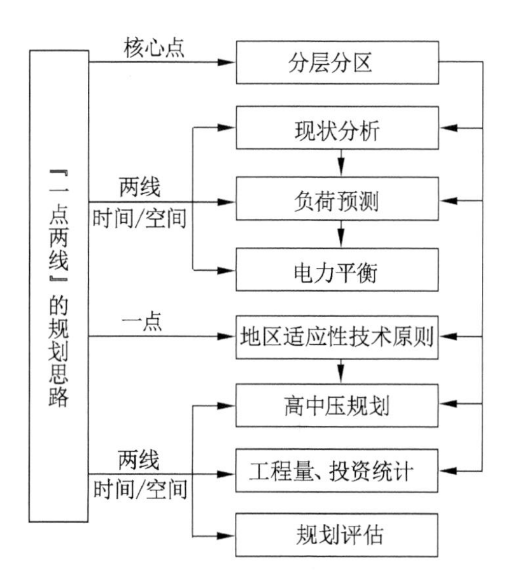

图 2-2　规划流程图

2.4　增量配电网规划执行管理

本书主要从风险管理、绩效监控、成本管理 3 个方面研究执行管理网格化配电网规划的做法，具体如图 2-3 所示。

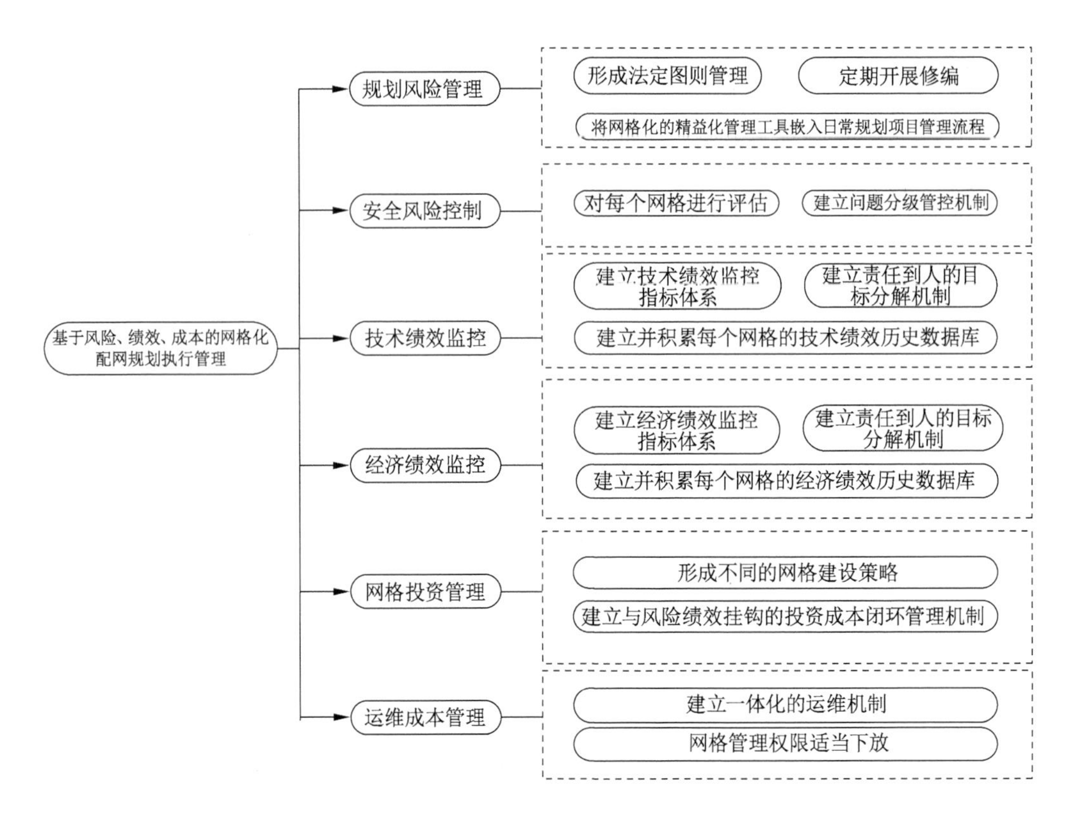

图 2-3　基于风险、绩效、成本的精益化配电网规划执行管理图

2.4.1　增量配电网精益规划风险管理

2.4.1.1　规划风险控制

一是管理时所用的增量配电网发展法定图则可以是增量配电网规划网格，然后建立综合评价与分级审批机制，在配电网中长期规划中突出各个配电网规划网格的地位，结合客观实际设置配电网中长期建设目标，避免出现多头拆建的现象。

二是构建定期修编机制，按照区域经济预测结果，适当调整某些区域的规划及网格建设标准，特别是变化明显的区域。

2.4.1.2　安全风险控制

一是按照配电网供电安全标准评估所有网格，判断网格在安全性、供电能力方面的达标情况，设计用于揭示网格安全风险的风险负荷比例指标，以此判断网格是否存在安全隐患，通常而言，风险负荷比例与网格安全隐患大小呈正相关关系。

二是建立问题星级管控机制。按照网格的风险负荷比例及网格安全隐患大小排列网格的顺序，如Ⅲ级三星、Ⅱ级二星、Ⅰ级一星，作为后续解决现状问题项目排序的依据，在后续电网建设改造中解决针对性、逻辑性、确定性等问题，从而实现高效管理。之后要针对各个网格暴露出来的缺陷制定有针对性的管理策略，比如有些网格存在投资方面的问题，有些网格存在设备运维方面的问题，有些则存在风险监控的通病，针对这些问题，管理策略就要分别在投资改造、运维、风险上各有侧重。

2.4.2　增量配电网精益规划绩效监控

2.4.2.1　技术绩效监控

一是构建一套以网格为基本单位，由故障跳闸率、停电时间、可靠性等指标组成的技术绩效监控指标体系。在明确各个网格对应的技术管理指标值时要严格遵循差异化、精益化原则，切实改善各个网格的绩效水平。

二是针对各个网格构建与之相应的技术绩效历史数据库，用于存储和积累数据，通过对各个网格的历史数据进行分析，对绩效管理水平进行全面评估，并在此基础上设定下阶段考核值，分配投资资源。

三是建立责任到人的目标分解机制。这一机制解决的是“一个人管理多少网格”的问题，且个人绩效考核必须将之管理网格的情况也考虑进去，形成激励效应，这样才能真正强化管理主体的责任意识，防止出现问题时相互推诿责任。

2.4.2.2　经济绩效监控

经济绩效监控管理的分析单元也是网格，这一点与绩效指标监控管理基本相同，相关问题的分析也是要以历史绩效数据库的构建、经济绩效监控指标的设计、个人责任目标的分解 3 个方面入手。实践中，通常从各个网格的投资收益、客户满意度、售电收入、供电量几个方面来设计经济绩效监控指标体系。

2.4.2.3　监控管理方式

配电网规划指标监控按电网发展指标体系建立，包括重点监控指标、公司绩效指标、数据统计指标及配电网基建项目管控指标，共 4 大类 25 项（见图 2-4）。电网发展指标体系从容载比、10 kV 线路可转供率、35 kV 及以上线路 N－1 通过率、规划实现率 4 个纬度关注电网的规划、建设和改造目标，从硬件上、管理上不断提升电网发展指标。通过指标量化和对比，找出与先进供电企业的差距，自身在电网上的短板和优势，同时也使各基层单位明晰自身电网现状，找到近期规划建设的目标和方向。本绩效指标统计、发布每年一次。

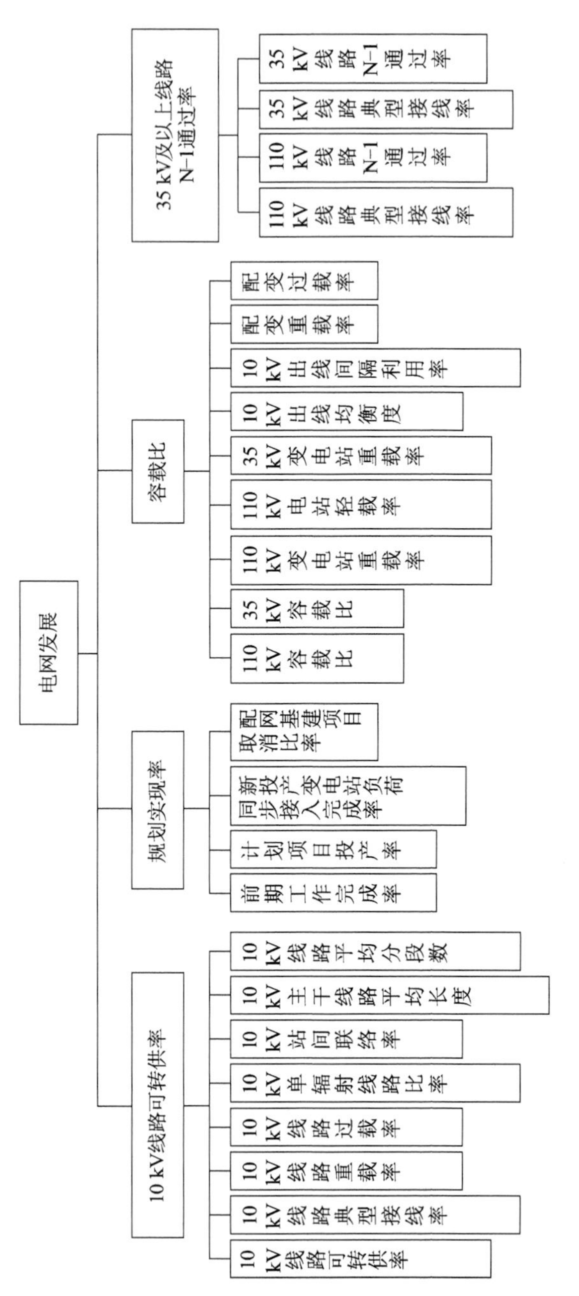

图 2-4 面向精益化的智能配电网绩效指标监控管理机制图

2.4.3　智能配电网精益规划成本管理

2.4.3.1　网格投资管理

一是要细分网格的层级，使之与可靠性要求、区域定位相适应，如此才能突出网格建设策略的针对性。设置网格建设目标时，要遵循差异化、资源最大化利用、简单实用的原则，尤其是配置设备、选择接线方式时，这些原则更为重要，这样才能将现有投资资源用于改用的地方，避免资源浪费。

二是建立投资成本闭环管理机制。通过分析网格历史数据，特别是投资方面的数据，对实现各个网格目标所要的成本进行测算，并在此基础上制定投资分配策略，且策略之间要保持联动。若有些网格绩效成本已达标，但却离电网建设目标还有一段距离，那么应该适当地在资源分配上予以倾斜。

2.4.3.2　运维成本管理

一是构建一个集营销、生产等业务及配电网规划于一体的运维机制，根据配电网规划网格对业务进行分类，建立一个集营销、生产、规划功能于一体的管理机制，精简专业机构，加大管理力度，控制运维成本，改善运维水平，突出一岗多能的特点。

二是适当下放网格管理权限，运维费用必须与网格等级相匹配，网格管理主体可自行决定如何使用运维费用，突出其管理主体的地位，调动其管理热情。

2.5　增量配电网规划项目后评价管理

本书从成本、绩效、风险 3 个维度设计后评价管理模型，模型包含区域网格负荷适应性、变电站负载均衡度、可靠性、经济性等因素，图 2-5 所示为各项指标情况。① 成本维度模型反映的是现有电网资源、需要改造的用户比例与网格划分之间的相关性，即是否需要以报废大量资产作为改造电网的代价。② 绩效维度反映的是电网运行质量与网格划分之间的相关性，即配电网绩效在网格划分后发生了何种变化。它考察的是网格的可靠性。③ 风险维度考察的是网格划分与供电能力、安全之间的相关性，即网格划分是否存在安全隐患，如供电能力不足、过载等。它由负荷适应性和变电站负载均衡度两大内容组成。它考察的是电网的经济性。

为了使不同量纲的指标具有横向可比性，可模糊化处理评价指标，将之具体取值转化为满意度。由此不难发现，新增经济和技术绩效维度指标之后，网格化配电网规划成果校验模型对规划方案进行查缺补漏的效果更加明显，通过设置合理的权重，可以有效避免所制定的方案忽略了投资效益分析，这对于保证配电网投资效益而言意义重大。

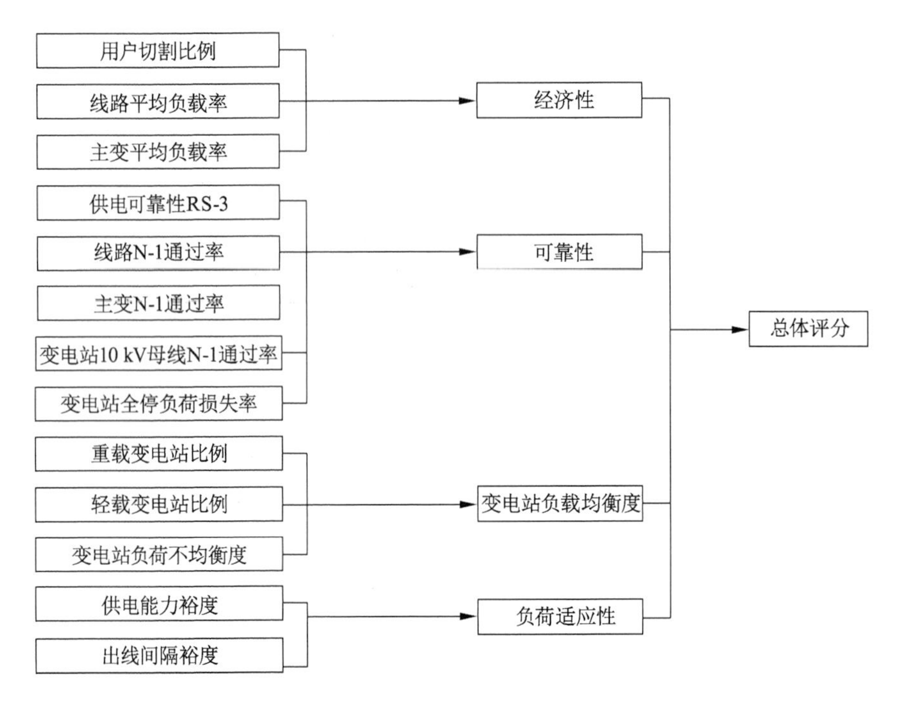

图 2-5　增量配电网规划项目后评价管理模型图

2.6　增量配电网精益规划管理实施流程

增量配电网精益规划管理实施流程如图 2-6 所示，主要包括电网诊断分析、负荷预测、规划原则、规划方案、电气计算与成效分析、投资估算等。

增量配电网规划后期管理环节包括规划执行管理和规划校验两个环节，起到了完善网格化配电网规划管理流程的作用。

增量配电网规划管理实施流程具体如图 2-7 所示，三大步骤主导着这个流程。在规划校验判断环节，基于校核模型对相关评价结果进行量化处理之后便可得知目标配电网规划方案是否满足工作需求，若不满足，说明方案存在投资与收益不对等的可能性，此时需要对方案进行调整、补充，甚至重新制定。

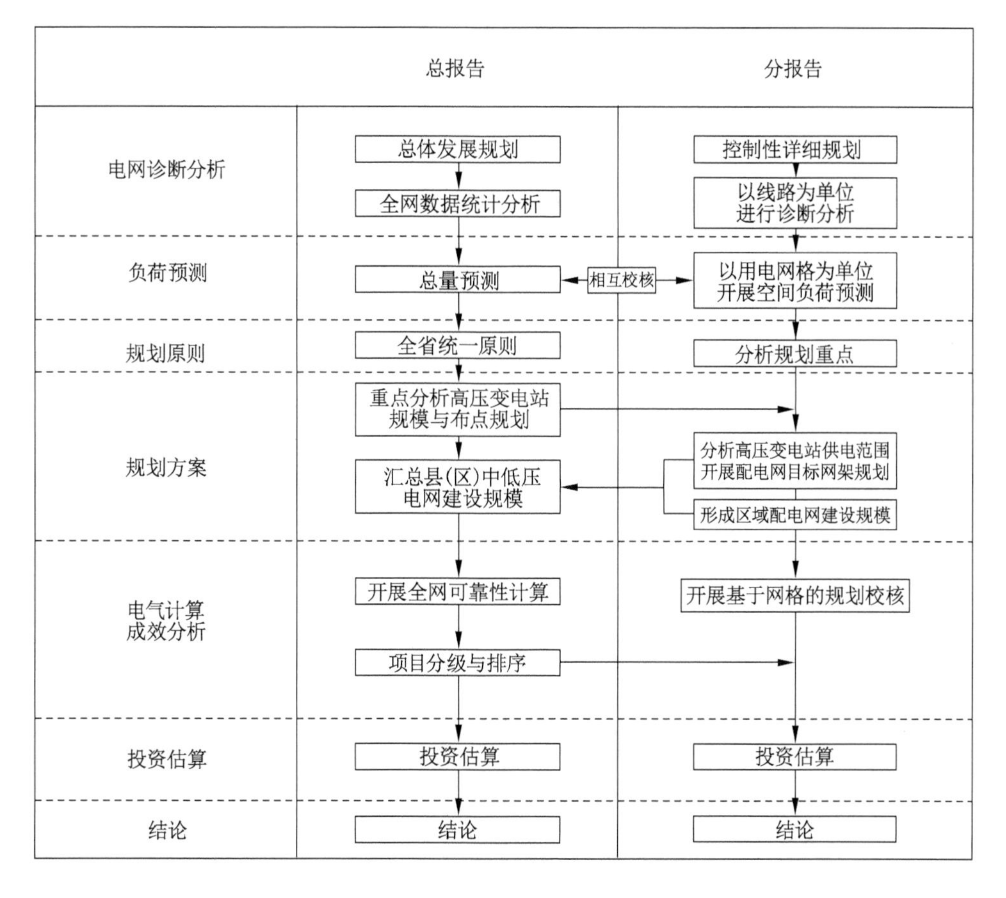

图 2-6　增量配电网精益规划管理实施流程图

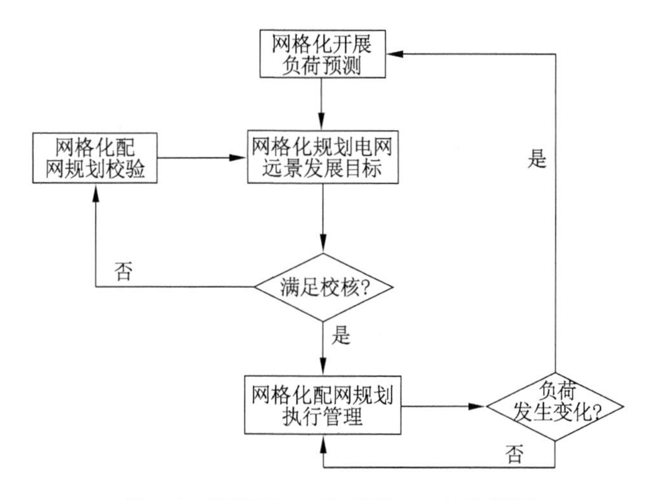

图 2-7　增量配电网规划管理实施流程图

第 3 章

增量配电网多维精益化建设管理

3.1 增量配电网建设精益化管理体系

增量配电网工程建设管理工作流程如图 3-1 所示。

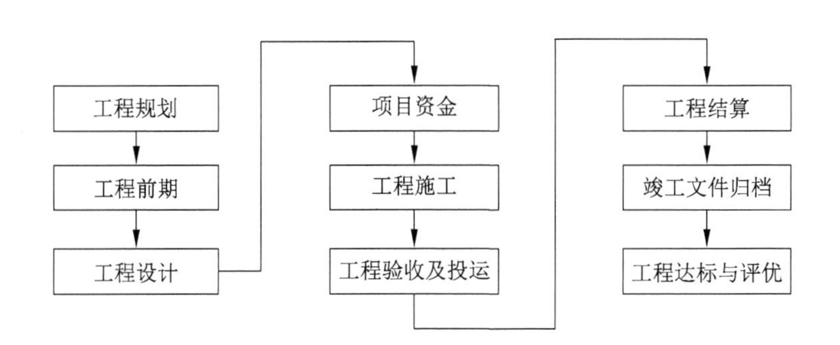

图 3-1 增量配电网工程建设管理工作流程图

3.1.1 工程规划阶段

（1）电力市场需求分析，负荷预测是制定增量配电网工程编制规划的基础，重视建立信息收集网络。

（2）定期的负荷预测与分析，确定下一年度规划发展项目和增量配电网工程发展规划滚动修订意见。

（3）加强协调，纳入区域城市和电网发展总体规划。为规划、预留好电力设施建设用地和相关高压线路走廊、电缆入地红线，提供了法规依据。

3.1.2 工程前期工作

在工程贴息、土地预审、规划许可、环保审批、水土保持等方面积极和政府相关部门加强联系，与市、区发改委建立长期的工作协调机制，统一解决工程补偿标准和规费收取标准。协调地方政府提供“三通一平”和工程贴息等前期工作。

3.1.3 工程设计阶段

（1）设计是龙头，确保是精品。在严格遵循增量配电网工程设计的基础上，提出创新设计理念、开阔设计思路、设计高水平的要求。

（2）加大对每个单项工程初步设计、施工图设计的内部审查力度，制定审查标准，特别是单项投资比较大的项目。从可行性研究审查到施工图设计审查都严格控制项目建设规模、标准，经济投资。

（3）对工程的设计变更，组织运行、施工、监理，设计单位进行多次图纸会审，设计变更时优化工程设计为目的。

3.1.4 项目资金

资金是保证工程如期开工按期完工的经济保障，如何谋划满足工程需求，用足、用好有效资金，是工程管理中不可忽略的一项重要工作。

首先下达的初步设计批复文件后，组织编制项目总进度计划和资金使用计划。其次为确保工程建设所需资金，要求施工单位在每月报工程进度报表和资金需求计划，以便及时掌握工程进度和按时拨付工程进度款。

3.1.5 工程施工阶段

3.1.5.1 创新理念，夯实安全基础

认真落实各级各类人员安全生产责任制，要求严控施工单位资质，认真履行外委施工单位和人员的安全资质审查。从反违章入手，抓好全过程的安全管理和控制，正确处理好安全与进度、安全与效益的关系。

3.1.5.2 精心管理，创优质工程

以建设优质工程为载体，将精细化管理的思想和作风贯彻到增量配电网工程管理的各个环节。质量管理是工程管理的核心，每项工程开工前都制定高起点、高标准的创优规划。对施工单位提出二次策划的新要求，精心编制更量化和更细化的关键控制点质量目标。在施工过程控制中，采用“样板工程”策略。通过参观学习，借鉴经验，找出差距，取长补短，积极整改，不断改进施工管理和施工工艺。

3.1.5.3 确保工程停电安全过渡

停电施工往往伴随调度减少停电损失、施工单位赶进度、工程质量难以保证、安全风险高等矛盾的一并发生。凡涉及停电过渡的施工，由施工单位编制停电施工方案，由业主方及施工单位的技术和项目负责人参加停电方案会审。会审由施工单

位技术负责人介绍整体方案，与会人员对施工单位的人员组织、机械和器具配置是否到位充足，停电施工方案的可行性进行认真逐项分析，提出优化停电施工方案，减少停电时间过渡，保证过渡施工质量措施的实施。

3.1.5.4　发挥监理作用，构筑质量防线

增量配电网工程必须有严格的质量监督管理，才能够保证工程质量。作为建设单位，授予监理极大的权限，坚持监理不过关不动工、监理监检不合格重新整改到达标后施工的原则，充分发挥监理作用，为工程建设筑起一道坚固的质量防线。业主方与监理单位相互配合，互相支持，严肃规程规范，履行各自职责。业主方对监理人员反映的各类质量问题高度重视，定期召开工程质量协调会，及时解决各个工程存在的质量问题。要求施工单位实行施工技术交底制度、严格执行三级质量检验制度，严把施工工序关和质量关。

3.1.6　工程验收及投运

（1）按照工程质量验收管理要求，对工程竣工验收，采取三级验收管理模式，由业主方制定验收组织纲要，明确验收工作组织机构、职责、任务、验收依据，由领导批准后实施。

（2）工程在竣工投运前，业主方成立启动委员会和工作小组，编写启动组织纲要，根据启动组织纲要编写操作方案，确保现场启动试运行工作有序进行。

（3）运行单位的生产准备工作（生产人员的提前进场和培训准备；安全工器具、办公、生产及生活家具的购置；现场运行规程、规章制度制订，运行设备标示牌的设置等）在工程进入安装阶段就开始介入，确保启动试运行操作和试运行期间增量配电网工程的安全可靠。

3.1.7　工程结算

明确实施“完工一项、竣工一项、验收一项”的验收结算管理办法，在项目竣工通过完成15天内，施工单位向业主方报送完整的工程结算资料，业主方在收到结算资料后30天内组织设计、监理、审计对结算资料内容在合同约定的结算原则、计价定额、取费标准、优惠条款方面进行严格审查。对重大设计变更有效签证资料、隐蔽工程验收记录除了在过程中现场核定外，在初审会上也应再次确认。

3.1.8　竣工文件归档

为保证试运行期间增量配电网工程安全，要求施工单位在启动委员会前必须将一套与现场相符的完整图纸移交给业主方，在启动试运行1个月内，施工移交完毕工程资料，监理单位在试运行后1个月内移交全部监理认可的资料，试运行后1个

月内系统调试单位提供协调调试方案、调试报告和试运行报告，设计单位在试运行后 2 个月内提供竣工图纸，所有资料先交工程主管部门，经核实无误交公司档案和运行单位。

3.2　增量配电网投资管理

3.2.1　投资管理的特点

（1）需求发起具有随机性。增量配电网是增量电网末端，犹如人体的神经末梢，随着电力负荷的变化，出现问题就需要立即进行反应或修补配电网的结构。增量配电网项目的发起有一定的不可预见性和随机性。

（2）项目工程量调整频繁。增量配电网项目的路径在次级公路、县道、非等级河道、村道、农田、村舍附近，往往没有配套的长期的规划，整个建设周期内对项目的调整频繁，甚至是边调整边施工的。

（3）建设周期短。由于与百姓生活息息相关，增量配电网的建设周期相当短。以迎峰度夏为节点的、以低电压为节点的、以重大项目基础建设为节点的，一旦开工，增量配电网需求总是越快越好、越早越好，小的项目几周就需完成，大的项目没有政策阻挠，一般也不会超过 3 个月。

（4）各地差异大。各个地区的增量配电网建设起点高低不同，南北气候不同，电网建设节点差异较大。各地年最高负荷分布、季节不同，造成各个地区的增量配电网建设节点差异较大。

3.2.2　投资管理的内容及要求

增量配电网工程投资管理“四控制”，即安全、质量、进度、造价。影响投资管理的就是安全、质量、造价体系的到位程度，到位程度快能加快进度，到位程度慢则减慢进度。

影响增量配电网投资管理的除了以上因素外，还有气候条件、用户负荷变化、政策处理、涉及高速高铁河道等的行政手续批复办理、设备停送电配合能力、农耕农忙、避负荷高峰、物资供应等。

3.2.3　投资管理的方法及手段

为实现增量配电网项目投资管理的基本目标，必须采取一定的方式、方法来排除不利因素的影响。首先，合理工期是制定工程项目进度的保证，按目前物资供应条件，增量配电网项目合理的施工条件在 5 ~ 6 个月期间。其次，制定工程项目进度

应充分考虑影响工程进展的因素，如施工招标周期、工程地质条件、设备招标采购周期、施工图设计等，否则制定的进度计划将变成纸上谈兵，无法执行。

在目前增量配电网管理环境下，增量配电网的进度计划应紧紧抓住年度项目计划、物资供应计划及项目设计计划。其中，重中之重就是项目设计计划，它是物资供应计划的前提条件，是年度项目实施的必要条件。编制工程进度计划的顺序：首先编制项目设计计划，然后编制物资供应计划，最后确认年度项目计划。管理上推进增量配电网项目计划的方法有以下几种：

（1）增量配电网项目实行动态管理，按“月跟踪、季分析、年考核”的方式，加强计划执行的管控；要进一步跟踪、完善分析制度，提高分析质量，加强信息反馈，形成闭环管理。

（2）按年度项目开工投产计划，根据工程实际情况编制项目节点控制表，对每个项目提出各个关键点的目标时间点。

（3）每月应召开增量配电网建设管理工作例会，协调具体工作。会上应对照工程进度控制表，查找实际进度与计划进度的差距，分析原因，提出纠偏措施。对于一时无法解决的客观因素（如政策处理、物资供应不上等），允许对进度控制计划进行合理调整。

（4）每月统计增量配电网工程的进展情况，主要包括项目开工、投产完成情况及下月计划，按工程进度流程相关节点上报项目具体工程量及资金发生量。

（5）年终对设计、监理、施工等项目进度计划完成率和项目完成率进行考评，分析原因，总结经验，对下一年项目计划编制进行调整。

3.3 增量配电网招投标管理

3.3.1 物资需求管理

物资需求管理的本质是按照物资的物理属性、物资用途、物资价值等维度建立物资分类体系，同时以电网规划、通用设计和通用设备为支撑，以信息化为手段，开展物资需求侧分析，进而开展需求侧管理，以分析促管理，以管理优化分析，对物资需求开展全方位的管理。准确、及时、全面的物资需求管理，是实施集中采购的前提和基础，是推进物资集约化管理的源头和关键。

3.3.1.1 需求计划管理

增量配电网物资需求计划主要是批次物资需求计划，物资需求计划经综合平衡或平衡利库后形成相应的物资采购计划。

批次物资需求计划管理流程说明如下：

（1）物资供应部按照批次计划上报时间节点安排和相关要求，通知各需求部门（包括各县局）提报需求计划。

（2）项目主管部门负责在ERP系统中建立项目，维护采购需求数据、创建预留，并将相关资料发送物资供应部门。

（3）物资供应部门根据上报的物资需求，结合可调配资源，开展平衡利库工作，经调出单位核对后，上报省级做调配申请，并将结果反馈到需求部门。

（4）需求部门根据平衡利库结果，对于无法利库或无法供应的需求，核减上报物资数量，并在系统中挂接技术规范ID号。

（5）需求部门组织内部审查，修改采购申请和技术纪要，编写审查纪要。

（6）物资供应部门组织审查人员，对批次需求计划进行集中审查，并将审查意见通知物资需求部门，做好现场整改工作，出具审查意见。

（7）需求部门根据审查意见，修改采购申请和技术规范，并完成上报。

（8）物资供应部门汇总相关资料，编写集中规模招标批次审查报告，并将物资需求计划按申报时间要求，分批次填写好相关信息进行上报。

（9）供应部门组织相关技术人员参与省公司集中审查，并根据审查专家意见做好相关修改工作。

（10）省级公司审查结束，汇总本单位上报结果，将审查意见和结果反馈给物资需求部门。

（11）物资供应部门将相关资料整理和移交。

3.3.1.2　需求侧管理

1. 需求侧分析

准确的物资需求预测体系是有效掌握物资未来需求，保证物资及时供应和有效降低库存的前提，为需求侧分析提供最可靠的数据资料。需求分析以项目规划为支撑，根据规划项目库，从电压等级、规模等分析，预判物资需求情况。与项目规划同步，结合历史数据，通过人为的、合理的审查与矫正，编制物资年度及批次采购需求预测，并根据年度物资采购的实际情况进行滚动修编。

一是年度计划合理性分析。二是结合公司下达的年度招标批次，结合历史申报、审查、修订等实际情况，对年度物资采购计划的合理性进行分析，对物资的属性、需求量、需求部门进行审查，审查物资需求是否合理，是否存在非标物料等，对批次的申报准备时间、上报截止时间、集中审查时间、整改截止时间进行规定。三是批次计划匹配性分析。物资公司在批次计划上报时，组织区域内物资计划员与设计院、需求单位起召开批次招标启动会，将年度计划进行分解，根据项目前期推进情况，结合公司招标批次计划，明确该批次招标物资的范围和时间节点，以及本批次申报时的重点注意事项。四是均衡性分析。为避免需求单位计划申报时，某个批次物资报很多，某个批次物资报很少，甚至不一次性上报过多，分析整理存在的共性问题，一般按照项目计划推进，确保物资均衡申报。五是多维度分析。对不同的上报物资，种类及数量也存在相应的比例关系。单位开展横向物资采购计划分析，通过横向对比分析，查找不同上报单上报物位之间的差异性，通过分析差异性与工程的投资计划，对比查找出不合理的采购计划，进行针对性的计划整改。

2. 需求侧管理

结合需求侧分析成果，通过奖惩通报、源头管控、严控执行、协同管控等方式开展需求侧管理，以分析促管理，以管理优化分析，持续优化管理，坚持物资需求管理“统一、集中、全面、刚性”的原则，通过统一平台、统一标准、统一报送，做到全面覆盖，及时准确，科学高效，闭环管理。

3.3.2 招投标管理

3.3.2.1 招标范围

根据《中华人民共和国招标投标法》及《中华人民共和国招标投标法实施条例》，工程建设项目是指工程及与工程建设有关的货物、服务。工程是指建设工程，包括建筑物和构筑物的新建、改建、扩建，及其相关的装修、拆除、修缮等。与工程建设有关的货物，是指构成工程不可分割的组成部分，且为实现工程基本功能所必需的设备、材料等。与工程建设有关的服务，是指为完成工程所需的勘察、设计、监理等服务。

工程建设项目属于国家规定招标的具体范围和规模标准的，必须依法进行招标。

建设工程中达到以下额度的项目必须招标：

① 建设工程，施工单项合同估算价在200万元人民币及以上的；勘察、设计、监理及服务单项合同估算价在50万元人民币及以上的；单项合同估算价低于以上金额，但项目总投资额在3 000万元人民币及以上的施工、勘察、设计、监理及服务。

② 农网改造升级建设工程，10（20）kV及以下工程监理项目打包招标。

③ 非建设工程项目，单项合同估算价在50万元人民币及以上的项目。

3.3.2.2 招标风险防控

招标采购风险防控体系是以“内控抓三措，外防重四策”把好“五关”作为管理理念，以组织措施、技术措施、预控措施为“三措”强化内部管控，以沟通策略、承诺策略、评价策略、奖惩策略为“四策”深化外部防控，把好审标、发标、开标、评标、定标“五关”，内外结合，防控一体，实践招标采购风险分析及管控，持续优化管理。通过加强招标采购风险点分析及预控，实现了集中规模招标有序推进，规范了招标采购业务，保证了招标采购过程规范高效、依法合规，确保了招标采购在“阳光”下操作。

招标采购风险防控必须坚持“标本兼治、综合治理、惩防并举、注重预防”的方针，建立防控体系，加强教育，健全制度，强化监督，严肃纪律，坚持自律和他律相结合。通过全面、具体、准确的风险因素辨识，加强重大和重要风险点的防控，内外结合，防控一体，持续优化，构建“内控抓三措，外防重四策”把“五关”的招标采购风险防控体系。

招标采购风险防控应用于所有招标采购活动，范围涵盖招标、竞争性谈判、询价、单一来源谈判的采购方式。通过对招标采购过程的各个节点进行风险分析及管控，以及创新管理理念、创建管理流程、创立管理模型，实现招标采购过程公开透明、招标采购人员廉洁自律，招标采购物资价廉质优的目标。

3.4　增量配电网设计管理

3.4.1　设计管理的内容及方法

增量配电网工程在初步设计阶段，主要内容是通过详细的技术细节体现工程建设的可行性。该阶段的主要管理内容有设计方案选择、标准物料应用、二次系统设计、工程造价、图纸质量、成果要求等。

3.4.1.1　设计方案选择

（1）增量配电网工程新建变电站配套出线工程应远近兼顾，符合规划目标网架，站址选择应考虑配套出线方便，出线廊道和方向及排列不得出线交叉和迂回。

（2）10 kV 线路负荷应分配均匀，主干线不宜直接带用电负荷；主干线路的分段分支及联络布局要合理，线路分段和联络应考虑负荷分配和运行方便。

（3）路径方案和杆塔型式的选择应合理，新建工程不宜出现新的“三跨”情况；特殊地段和区域提交必要的支持资料，避免出现颠覆因素，如河流、滩涂、山脊、山冲等地段的地勘报告、水文气象资料等；农村地区应尽量避开主干道路，避免出现新的“三线”搭挂；电缆线路应避免在公路行车道内。

（4）配电台区应按“小容量、密布点、短半径”的原则配置，应尽量靠近负荷中心，三相负荷要均衡；户均容量和低压出线满足5年的用电增长需求。

3.4.1.2　标准物料应用

增量配电网工程规划建设应执行“标准化、差异化”的原则，标准物料的应用是标准化在设备材料选择上的具体体现。根据工程需要，物料选择应满足典型设计和标准物料目录，尽量减少非标物料的使用，如特殊情况必须使用，则需专项说明。主变容量、线路型号、配变容量等各电压等级设备的选型应根据实际工程情况在标准可选序列中选择，并满足各类技术标准要求。

3.4.1.3　二次系统设计

增量配电网工程初步设计应同步考虑配电自动化、通信网、接入（接口）方案及费用，并且满足工程实际要求。二次系统应与一次系统同步设计、同步建设、同步投运。

3.4.1.4　工程造价

增量配电网工程初步设计预算定额应执行国家、行业及地方关于配电网工程预算定额的相关规定，设备材料单价取费应采用最新的招标采购价、当地信息价。值得一提的是，新建工程、扩建工程及改造工程的工程造价除应计算工程本体新增或改造需列支的费用外，还应考虑因本体工程而引起的相邻电网所做的改造或调整产生的工程费用。

3.4.1.5　图纸质量

增量配电网工程初步设计应编写详尽的设计说明书，反映实际的工程量。同时，设计说明书、材料汇总表、杆塔明细表要做到图实相符。对于线路的路径图，要使用有最新道路、土地规划等信息的地图。配电网工程主要包括总平面布置图、电气主接线图、土建平面布置图、接地网布置图等图纸。

3.4.1.6　成果要求

增量配电网工程初步设计成果要求主要有设计说明书、现状图、路径图、电缆通道路径图、电气一次接线图、配电终端原理图、接地网图、土建材料清册、杆塔明细表、平（断）面图、导线曲线表、典型设计应用情况统计表、设备材料清册、ERP 材料汇总表、工程预算书等若干项。

3.4.2　设计图纸的深度要求

明确初步设计、施工图设计、竣工图各阶段的图纸深度要求。

（1）增量配电网工程配电部分初步设计内容深度规定。

（2）增量配电网工程配电网电缆线路部分初步设计内容深度规定。

（3）增量配电网工程配电网架空线路部分初步设计内容深度规定。

（4）增量配电网工程配电部分施工图设计内容深度规定。

（5）增量配电网工程配电网电缆线路部分施工图设计内容深度规定。

（6）增量配电网工程配电网架空线路部分施工图设计内容深度规定。

3.5　增量配电网建设管理

3.5.1　开工管理

3.5.1.1　开工条件

（1）按建设管理程序实行报建手续，各项批复文件（立项、可研、初设）已齐全，道路（绿化）挖掘手续、跨越航道（下穿高速公路）审批手续等已办理，工程线路路径图已经政府部门审核，具备开工条件。

（2）施工单位、监理单位已确定并签订施工合同、监理合同。

（3）施工图设计已完成、施工图设计会审及技术交底已完成。

（4）监理项目部已成立，人员已到位；各项规章制度、标准等技术资料已齐全。

（5）已办理质量监督手续；工程质量检验计划已编制经施工单位技术负责人审核批准、监理单位审查和建设单位审批。

（6）施工项目部的工程达标策划和安全策划经监理单位审查，业主项目部审批。

（7）监理大纲、规划、细则已编制并报审。

（8）监理设施能满足工程监理要求。

（9）施工单位资质（营业执照、施工资质证书、安全生产许可证，项目经理资质证书、企业三类人员安全证书）已报审。

（10）业主项目部已成立，项目部管理人员及有关证书、管理网络、安全生产网络、质量网络等已报审；各项管理制度和建设规范、标准资料等已齐全。

（11）施工组织设计及各专项施工方案、作业方案、作业指导书、安全技术措施、事故应急方案、危险点及预控措施、设备调试方案、进度计划（包括安全文明设施、施工用电）等已编制并已报审。

（12）施工设备、器具、检测仪器等已到位，各项操作规程已制定并到位。投入本项目主要的起重机械等应按规定进行试验鉴定，并报监理审查，业主项目部确认。

（13）施工原材料已准备并经报验、施工人员已进场并经三级安全教育合格。

（14）开工报告已经审批。

（15）线路工程的路径已复测。

（16）工程所需材料、设备供货合同已签订，材料、设备到货时间满足工程进度要求。

（17）法律、法规、规程、规范规定的其他情形。

3.5.1.2　开工管理要求

（1）对于不具备工程开工条件，施工单位私自开工、强行开工的，监理项目部、业主项目部、建设单位应勒令施工单位停止施工，并勒令其进行整顿，追查责任，直至终止合同。

（2）监理项目部明知存在工程不具备开工条件而私自开工、强行开工情况而未及时制止和向建设单位汇报，在追究施工单位责任的同时追究监理项目部的责任。

3.5.2 造价管理

3.5.2.1 增量配电网工程计价基本程序

1. 工程概预算编制的基本程序

增量配电网工程概预算的编制是通过国家能源局发布的《20 kV 及以下增量配电网工程建设预算编制和计算规定》（2016 年版）及配套的概预算定额，对工程项目进行计价的活动。如果用工料单价法进行概预算编制，则应按概算定额或预算定额规定的定额子目，逐项计算工程量，套用概预算定额单价确定直接费，然后按规定的取费标准确定间接费，再计算利润和税金，经汇总后即为工程概预算投资。工程概预算单位价格的形成过程，就是依据概预算定额所确定的消耗量乘以定额单价或市场价，经过不同层次的计算形成造价的过程。

2. 工程量清单计价的基本程序

增量配电网工程量清单计价活动涵盖施工招标、合同管理，以及竣工交付全过程，主要包括：编制招标工程量清单、招标控制价、投标报价，确定合同价，进行工程计量与价款支付、合同价款的调整、工程结算和工程计价纠纷处理等活动。增量配电网工程量清单计价的过程可以分为工程量清单的编制和工程量清单应用两个阶段。

工程量清单计价的基本原理：按照工程量清单计价规范规定，在建筑安装专业工程计量规范规定的工程量清单项目设置和工程量计算规则基础上，针对具体工程的施工图纸和施工组织设计计算出各个清单项目的工程量，根据规定的方法计算出综合单价，并汇总各清单合价得出工程总价。

综合单价是指完成一个规定清单项目所需的人工费、材料和工程设备费、施工机具使用费和企业管理费、利润，以及一定范围内的风险费用。风险费用是隐含于已标价工程量清单综合单价中，用于化解发承包双方在工程合同中约定的风险内容和范围的费用。

3.5.2.2 增量配电网工程定额计价

增量配电网工程概预算编制的基本方法和程序：

每一计量单位建筑安装产品的基本构造要素的直接工程费单价
=人工费+材料费+施工机具使用费

式中：人工费 = $\sum$（人工工日数量 × 人工单价）；

材料费 = $\sum$（材料消耗量 × 材料单价）+ 工程设备费；

施工机具使用费 = $\sum$（机械台班消耗量 × 机械台班单价）+ $\sum$（仪器仪表台班消耗量 × 仪器仪表台班单价）；

单位工程直接费 = $\sum$（假定建筑产品工程量 × 工料单价）；

单位工程概预算造价 = 单位工程直接费 + 间接费 + 利润 + 税金；

单项工程概预算造价 = $\sum$ 单位工程概预算造价 + 设备、工器具购置费；

增量配电网工程概预算造价 = $\sum$ 单项工程的概预算造价 + 工程建设其他费 + 建设期利息。

3.5.2.3　增量配电网工程量清单计价

1. 工程量清单计价活动及方法

工程量清单计价活动涵盖施工招标、合同管理，以及竣工交付全过程，主要包括：编制招标工程量清单、招标控制价、投标报价，确定合同价，进行工程计量与价款支付、合同价款的调整、工程结算和工程计价纠纷处理等活动。

工程量清单计价的基本原理：按照工程量清单计价规范规定，在各相应专业工程计量规范规定的工程量清单项目设置和工程量计算规则基础上，针对具体工程的施工图纸和施工组织设计计算出各个清单项目的工程量，根据规定的方法计算出综合单价，并汇总各清单合价得出工程总价。计算公式如下：

分部分项工程费 = $\sum$（分部分项工程量 × 相应分部分项综合单价）；

措施项目费 = $\sum$ 各措施项目费；

其他项目费 = 暂列金额 + 暂估价 + 计日工 + 总承包服务费；

单位工程报价 = 分部分项工程费 + 措施项目费 + 其他项目费 + 规费 + 税金；

单项工程报价 = $\sum$ 单位工程报价；

建设项目总报价 = $\sum$ 单项工程报价。

2. 增量配电网工程量清单计价的作用

一是为投标单位提供一个平等的竞争条件。实施增量配电网工程量清单报价就为投标者提供了一个平等竞争的条件，对于相同的工程量，由企业根据自身的实力来填不同的单价。投标人的这种自主报价，使得企业的优势体现到投标报价中，可在一定程度上规范建筑市场秩序，确保工程质量。

二是满足市场经济条件下竞争的需要。招投标过程中，招标人提供工程量清单，投标人根据自身情况确定综合单价，利用单价与工程量逐项计算每个项目的合价，再分别填入工程量清单表，计算出投标总价。单价成为决定性的因素，定高了不能

中标，定低了又要承担过大的风险。单价的高低直接取决于企业管理水平和技术水平的高低，这种局面促成了企业整体实力的竞争。

三是有利于提高工程计价效率，能真正实现快速报价。采用工程量清单计价方式，各投标人以招标人提供的工程量清单为统一平台，结合自身的管理水平和施工方案进行报价，促进了各投标人企业定额的完善，以及工程造价信息的积累和整理。

四是有利于工程款的拨付和工程造价的最终结算。中标后，业主要与中标单位签订施工合同，中标价就是确定合同价的基础，投标清单上的单价就成了拨付工程款的依据。业主根据施工企业完成的工程量，可以很容易地确定进度款的拨付额。工程竣工后，根据设计变更、工程量增减等，业主也很容易确定工程的最终造价，在某种程度上减少业主与施工单位之间的纠纷。

五是有利于业主对投资的控制。采用现在的施工图预算形式，业主对因设计变更、工程量的增减所引起的工程造价变化不敏感，往往等到竣工结算时才知道这些变更对项目投资的影响有多大。而采用工程量清单报价的方式则可对投资变化一目了然，在要进行设计变更时，能马上知道它对工程造价的影响，业主能根据投资情况来决定是否变更或进行方案比较，从而决定最恰当的处理方法。

3.5.3 质量管理

质量管理工作是指对具体工程项目的施工质量管理，按项目施工阶段可分为施工策划阶段质量管理、施工准备阶段质量管理、施工阶段质量管理、施工验收阶段质量管理及项目总结评价阶段质量管理。

3.5.3.1 施工策划阶段质量管理

（1）建立健全项目质量管理体系，明确工程质量目标，落实质量管理各项职责分工。

（2）编制项目管理实施规划等质量管理文件，并在施工项目管理实施规划中编制标准施工工艺施工策划章节，落实业主项目部提出的标准工艺实施目标及要求，执行施工图工艺设计相关内容。

（3）根据质量通病防治任务书，编写《线路工程质量通病防治措施》，并报审。

（4）编制《施工质量验收及评定范围划分表》，并报审。

3.5.3.2 施工准备阶段质量管理

（1）进行项目部级全员技术，质量交底。

（2）施工现场使用的计量器具、检测设备，建立台账，并报审。

（3）根据“乙供材料需求计划”，将选定的供货单位资质进行报审；参与或负责开工前期到场设备、原材料进货检验（开箱检验）、试验、见证取样、保管工作并报审，不符合要求时，向监理单位报《工程材料/构配件/设备缺陷通知单》，将不合格产品隔离、标识，单独存放或直接清除施工现场。待缺陷处理后，再进行报审。

（4）对施工过程中所选用的特殊工种和特殊作业人员资格进行报审。

（5）有必要时进行混凝土配合比、钢筋连接及导、地线压接首件试品试验，试验结果报监理确认。

（6）参加设计交底及施工图会检，将标准工艺作为施工图内部会检内容进行审查，提出书面意见。

（7）编制施工方案、作业指导书等质量实施文件，在施工方案等施工文件中，明确标准工艺实施流程和操作要点。

3.5.3.3　施工阶段质量管理

（1）制作标准工艺样板，经业主和监理项目部验收确认后组织实施。及时参加标准工艺实施分析会，制定并落实改进工作的措施，全面实施标准工艺。

（2）参加监理项目部组织的后续到场的甲供材料的到场物资交接验收及开箱检查，做好设备材料的保管、运输及使用，加强现场使用前的外观检查，发现设备材料质量不符合要求时，向监理项目部报《工程材料/构配件/设备缺陷通知单》，提请监理及业主项目部协调解决。

（3）在监理的见证下进行后续自购原材料的检验试验，分批次进行报验，及时对原材料进行跟踪管理。

（4）后续进场人员、机械设备按规定报审。

（5）对混凝土施工，按规范要求留置混凝土试块，实施同条件养护，对混凝土试块抗压强度进行汇总及强度评定，做好钢筋连接过程质量控制，按规定进行留置钢筋焊接试品试件，做好工艺控制。

（6）根据工程进展，做好施工工序的质量控制，严格工序验收，上道工序未经验收合格不得进入下道工序，确保施工质量满足设计、质量标准和验收规范的要求，如实填写施工记录。加强工程重点环节、工序的质量控制。

施工阶段配电工程包括：① 基础施工：跨江河通道、山地、松软土质及特殊地形地貌基础；在工程首次应用的新型基础：基础冬期施工、大体积混凝土基础等。② 钢管塔工程：高塔、耐张塔结构倾斜等。③ 架线工程：导地线弧垂控制、防磨损措施；导、地线压接；对铁路、高速公路、35 kV 及以下电压等级输电线路等特殊跨越的净空距离控制等。实施施工首次试点，做好牵张设备、液压设备、滑车等影响工程质量的主要工器具，操作人员资质及成品质量的跟踪检查。

各项目部（含监理项目部）每月至少召开一次质量例会，班组（施工队）应每周召开一次质量例会，例会记录完整，签字齐全。

全面实施“标准工艺”，落实质量通病防治措施。采用随机和定期检查方式对过程标准工艺的实施情况及质量通病预防措施的执行情况进行检查，对质量缺陷进行闭环整改，并确认整改结果。

对分包工程实施有效管控，监督分包商按照工程验收规范、质量验评、标准工艺等组织施工，对隐蔽工程等关键工序（部位）进行过程控制，对专业分包商采购的工程材料、配件进行检验，确保分包工程的施工质量。

对监理项目部提出的施工存在的质量缺陷，认真整改，及时填写《监理通知回复单》。配合各级质量检查、质量监督、质量竞赛、质量验收等工作，对存在的质量问题认真整改。

在接到《工程暂停令》后，针对监理部指出的问题，采用整改措施，整改完毕，就整改结果逐项进行自查，并应写出自查报告，报监理项目部申请工程复工。

按照国网农电管理信息系统（工程管理）要求组织做好施工阶段工程项目质量数据维护、录入工作，按照档案管理要求及时将工程质量管理的相关文件、资料整理归档。

发生质量事件后，实行即时报告制度。工程质量事件发生后，现场有关人员应立即向现场负责人报告；现场负责人接到报告后，应立即向本单位负责人报告；各有关单位接到质量事件报告后，应根据事件等级和相应程序上报事件情况，按照质量事件等级及时上报《工程质量事件报告表》，配合做好质量事故调查、方案整改及处理工作，及时填报《处理方案报审表》《处理结果报验表》。

3.5.3.4 施工验收阶段质量管理

（1）按照工程验评范围划分，执行三级自检（班组自检、项目部复检、施工单位专授）制度，做好隐蔽验收签证记录、三级检验记录、工程验评记录及质量问题管理台。

（2）三级自检后，及时完成整改项目的闭环管理，出具自检报告，向监理项目部申请初检，对存在的问题进行闭环整改，积极配合中间验收并落实相关整改意见。

（3）配合工程竣工预验收、启动验收工作，完成整改项目的闭环管理。

（4）按要求向建设管理单位提交竣工资料，向生产运行单位移交备品备件、专用工具、仪器仪表，限期处理遗留问题。

3.5.3.5 施工总结评价阶段质量管理

（1）编写工程总结质量部分，总结工程质量及标准工艺实施管理中好的经验和存在的问题，分析、查找存在问题及原因，提出工作改进措施。

（2）参与建设管理单位组织的工程达标投产考核和优质工程自检工作，配合公司完成优质工程复检、核检工作。

（3）按合同约定实施项目投产后的保修工作。

3.5.4　进度管理

增量配电网工程项目进度管理，是指在项目实施过程中，对各阶段的进展程度和项目最终完成的期限所进行的管理，其目的是保证项目在满足时间约束的条件下实现配电网项目总目标。进度管理包括为确保项目按期完成所必需的所有过程，包括规划进度管理、工作定义、工作顺序安排、工作资源估算、工作时间估算、进度计划制定和进度控制等。

3.5.4.1　规划进度管理

规划进度管理是为规划、编制、管理、执行和控制项目进度而制定政策、程序和文档的过程。其主要目的是，为如何在整个项目过程中管理项目进度提供指南和方向。规划进度管理的主要成果是进度管理计划，它是项目管理计划的组成部分。根据项目需要，进度管理计划可以是正式或非正式的，也可以是详细或高度概括的。进度管理计划需要及时更新，以反映在进度管理过程中发生的变更。一般情况下，进度管理计划包括项目进度模型的制定、准确度、计量单位、组织程序链接、项目进度模型的维护、控制临界值、绩效测量规则。

3.5.4.2　工作定义

工作定义，就是对工作分解结构（WBS）中规定的可交付成果或半成品的产生所必须进行的具体工作（活动、作业或工序）进行定义，并形成相应的文件，包括工作清单和工作分解结构的更新。

在配电网工程项目中，工作的范围可大可小，需根据具体情况和需要来确定。例如，挖挖杆洞、立杆、回填土各是一项工作，也可以把这三项工作综合为一项立杆工程。

3.5.4.3　工作顺序安排

工作顺序安排就是确定各项工作之间的依赖关系，并形成文档。为了进一步编制切实可行的进度计划，首先必须对工作进行准确的顺序安排。工作顺序安排可以利用计算机进行，也可以手工来做。在一些小项目中，或者在大型项目的早期阶段，手工技术更为有效，而在实际运用过程中，手工和计算机可以结合起来使用。

工作顺序安排的方法很多，如双代号网络图法、单代号网络图法、双代号时标网络图法、单代号搭接网络图法、条件网络图法，也可以利用网络样板。

3.5.4.4　工作资源估算

工作资源需求明确了每个工作所需的资源类型和数量，用于创建进度模型。

3.5.4.5　工作时间估算

时间估算是完成各工作所需的工作时段数，用于进度计划的推算。

3.5.4.6　进度计划制定

项目进度计划是进度模型的主要成果，展示了工作之间的相互关联，以及计划开始与结束日期、持续时间、里程碑和所需资源。进度计划的表示方法有横道图和时标网络图。横道图是传统的进度计划表示方法，图左边按工作的先后顺序列出项目的工作名称，图右边是进度表，图上边的横栏表示时间，用水平线段在时间坐标下标出项目的进度线，水平线段的位置和长短反映该项目从开始到完工的时间。利用横道图可将每天、每周或每月实际进度情况定期记录在横道图上。时标网路图将项目的网络图和横道图结合起来，既表示项目的逻辑关系，又表示工作时间。

3.5.4.7　进度控制

在工程项目的实施过程中，由于受到种种因素的干扰，经常造成实际进度与计划进度的偏差。这种偏差得不到及时纠正，必将影响进度目标的实现。为此，在项目进度计划的执行过程中，必须采取系统的控制措施，经常地进行实际进度与计划进度的比较，一旦发现偏差，及时采取纠偏措施。进度计划控制的具体内容包括：① 对造成进度变化的因素施加影响，以保证这种变化朝着有利的方向发展；② 确定进度是否已发生变化；③ 在变化实际发生时，对这种变化实施管理。

工程项目的进度控制方法：

1. 进度监测的系统过程

工程项目实施过程中，项目管理人员应经常定期对进度计划的执行情况进行跟踪检查，发现问题后，及时采取措施加以解决。

措施包括进度计划执行中的跟踪检查、实际进度数据的加工处理、实际进度与计划进度的对比分析。

2. 进度调整的系统过程

在项目进度监测过程中，一旦发现实际进度偏离计划进度，即出现进度偏差时，必须认真分析产生偏差的原因及其对后续工作及总工期的影响，并采取合理的、有效的进度计划调整措施，确保进度目标的实现。

进度拖延是工程项目建设过程中经常发生的现象。进度拖延的原因是多方面的：一是工程项目各相关单位之间的协调配合。配电网工程项目是一个多专业、多方面协调合作的复杂过程，如果政府部门、业主、咨询单位、设计单位、物资供应单位、施工单位、监理单位等各单位间没有形成良好的协作，必然会影响工程建设的顺利实施。二是工程变更。边界条件的变化，如设计变更、设计错误、外界（如政府、上层机构）对项目提出新的要求或限制。当工程项目在已施工的部分发现一些问题，或者由于业主提出了新的要求而必须进行工程变更时，都会影响设计工作进度。三是风险因素。风险因素包括政治、经济、技术及自然等方面的各种可预见或不可预见的因素。政治方面有战争、内乱、罢工、拒付债务、制裁等；经济方面有延迟付款、汇率浮动、换汇控制、通货膨胀、分包单位违约等；技术方面有工程事故、试验失败、标准变化等；自然方面有地震、洪水等。

3.5.5　安全管理

安全管理工作主要包括项目安全策划管理、项目安全风险管理、项目安全文明施工管理、项目应急安全管理、项目安全检查管理等。

3.5.5.1　项目安全策划管理

（1）根据年度基建项目安全管理总体目标，结合工程建设的特点，编审年度工程安全管理策划方案。

（2）建立健全各类安全管理制度及安全管理台账，明确项目工程安全目标，落实安全管理各项职责分工。

（3）审批施工单位安全文明施工、质量控制实施细则。

（4）工程建设过程，每月组织召开一次安全会议，定期或不定期检查项目安全文明施工实施细则的具体落实情况。

（5）项目竣工投产后，对安全管理策划方案的编制、执行情况进行总结。

（6）提供编制年度工程安全管理工作策划方案的支持性材料。

3.5.5.2　项目安全风险管理

（1）负责在项目上落实上级单位的安全风险管理相关工作要求。

（2）工程建设前，按照《配电网工程施工现场危险点及控制措施》，根据本工程建设特点，组织对工程进行重大危险源分析，列出重点控制危险源清单，采取预控措施。

（3）向施工单位提供作业环境范围内可能影响施工安全的有关资料；工程开工前由安全专责组织工程安全交底工作。

（4）组织项目参建单位对工程项目危险点进行分析，审查工程参建单位的工程安全文明施工实施细则中施工过程危险因素辨识及预控措施。

（5）工程建设过程中，督促施工单位根据工程进度情况放置危险点及预控措施警示牌。

（6）在建设过程中，通过日常安全巡查、每月例行安全检查、专项安全检查、每月安全活动，检查项目危险点辨识、风险控制措施落实情况。

3.5.5.3　项目安全文明施工管理

（1）根据安全质量策划方案中确定的安全文明施工管理目标及保障措施，对工程建设安全文明施工进行全过程监督检查和指导，保证安全文明施工目标的实现。

（2）依据安全文明施工相关要求，负责核查现场安全文明施工开工条件。

（3）对进场的安全设施及安全文明施工措施情况进行检查。

（4）审批施工单位“两措”费用（反事故措施费用和安全技术劳动保护措施费用）。

（5）工程建设过程中，通过隐患曝光、专项整治、奖励处罚等手段，促进参建单位做好现场安全文明施工管理，持续提高现场安全文明施工水平。

（6）组织检查《安全文明施工、质量控制实施细则》在现场的实施情况，确保其内容得到有效落实。

（7）制定增量配电网项目安全文明施工标准，并组织对标准应用情况进行监督、检查，通过整改完善、不断改进。

（8）组织参加有关安全管理竞赛活动，组织参建单位落实竞赛活动的有关要求，对照竞赛标准开展自查整改，提高项目的安全文明施工水平。

（9）工程建设项目竣工时，检查施工单位在建设过程中受到破坏的生态环境是否及时修整和恢复，并及时收集、归档施工过程安全及环境方面的资料。

（10）定期开展分析和总结工作，及时提出改进安全文明施工水平的建议。

（11）将现场安全文明施工水平作为项目评价的主要内容及对工程各参建单位进行资信评价的主要依据之一。

3.5.5.4　项目安全应急管理

（1）制定“安全事故应急预案”，包括组织机构、联系方式、人员和设备保障、职责、处理程序等。

（2）督促各参建单位成立应急管理机构，制定和完善触电、火灾、人身伤害、自然灾害、交通事故等应急预案。

（3）检查施工项目部编制的各类应急预案的报审情况及其编制内容的完整性、可操作性，各类应急措施的具体落实情况。

（4）结合工程的实际情况，督促施工单位组织开展项目应急预案演练，监督检查参建各单位对预案的执行情况，以及应急预案的有效性和响应的及时性。

3.5.5.5　项目安全检查管理

（1）组织每月的月度项目安全检查，分发检查通报并提出整改意见。

（2）组织开展项目春季、秋季安全检查和专项安全检查，编写检查总结。

（3）根据管理需要和现场施工实际情况适时开展随机检查，及时发现解决项目安全管理存在问题。

（4）各类检查前先编制检查提纲或检查表，对安全检查中发现的安全隐患，下达《安全隐患整改通知书》，送责任单位签收，监督检查单位确认项目隐患闭环整改情况，公布检查及整改结果。

（5）各类检查中做好数码照片记录与归档。

（6）在月度例会中，针对安全检查中发现的安全问题进行安全管理专题分析和总结，及时掌握现场安全管理动态，督促施工单位制定针对性措施，保证现场安全受控。

（7）配合项目安全事故调查分析与处理，监督责任单位按要求整改。

（8）配合上级单位开展各类安全检查，按要求组织自查，编制自查报告（包括检查问题及整改结果反馈），监督责任单位对检查提出问题的整改落实。

3.5.6 投产管理

工程项目投产，是指系统内新建或改造后的调度管辖设备的启动投产。管理内容从新建或改造项目的工程联系单到设备投入系统运行的全过程。

3.5.6.1 投产条件

（1）与投产工程相关的竣工图纸、工程量明细等竣工资料已提交至运行单位。

（2）设备及其配套设施已通过试验，并出具试验合格报告。设备的二次保护系统均已调试到位，按照整定单的内容设置并合格。

（3）工程已通过验收，所有工程缺陷均已整改闭环，并出具工程验收合格报告。

（4）保护设施、劳动安全卫生设施、消防设施已按设计要求与主体工程同时建成使用。

（5）运行、检修人员已经过培训，能够熟练掌握设备的操作及基本性能。

3.5.6.2 投产前策划

接入方案的会审和交底：运行管理部门制定接入方案，并组织相关部门、单位进行会审和方案交底，确定投产日期。

（1）接入协调会应在工程计划投产日前召开。

（2）调度部门编制启动方案，经校核、审核、批准后向下发给工程管理部门、施工单位、运行单位及其他各相关部门。

（3）复杂的投产启动工作，启动方案由调度所组织相关部门、单位进行会审，并经相关负责人批准后下发。

3.5.6.3 投产启动

（1）复杂的投产启动工作，应成立启动小组至现场启动。

（2）工程验收结论由工程验收组向调度汇报，其他启动前的汇报事项由相关职能部门按照启动方案的要求分别向调度汇报。

（3）运行单位、调试单位按照启动方案和调度指令执行启动各项操作和工作。

3.6 增量配电网物资管理

3.6.1 物资出入库管理

3.6.1.1 物资入库管理

物资入库管理是在接受入库物资时所进行的卸货、查点、验收、办理入库手续等各项业务活动的计划和组织。其基本要求是保证入库物资数量准确，质量符合要求，包装完整无损，手续完备清楚，入库迅速。供应商按合同约定将物资送达区域库，物资供应公司组织接货验收，物资部门核对送货数量及外观，按物资到货验收流程组织相关部门进行到货验收，并签署到货验收单。验收合格后物资部门在 ERP 中对待检已入库物资进行状态转移，打印生成入库单并将物资堆码入相应库区。

3.6.1.2 物资出库管理

物资出库管理就是组织物资及时、准确、迅速、保质保量地发放给需求部门的一系列工作。物资需求部门相关人员根据不同的需求，分别由项目、成本、工单等途径提出物资领料申请，并在系统打印“领料单”，履行审批签字手续。物资部门仓储负责人或相关专职审核“领料单”，并在“领料单”上签字确认，若有异议则返回需求部门重新提交领料申请。仓储专职根据审核后的“领料单”进行实物发货，在 ERP 系统中凭领料单据的预留号及项目号完成物资领料出库记账。物资部门相关人员将已签字的领料单据原件及复印件进行归档，并定期将“领料单”的财务联交财务部门。

3.6.1.3 物资退库管理

物资退库管理是指物料领用人员由于某种原因将已领出的物料退回仓库。仓库保管人员按照收到的退料清单进行相关后续处理。物资部门相关人员审核退料申请，若有异议则流程结束，若无异议则通知项目单位实物退库。物资部门仓储管理人员对经审核的退料申请进行实物的到货验收。若验收不合格则通知项目单位无法退料并结束流程。物资部门对验收合格的退料物资完成系统入库，实物移入相应库区。

3.6.1.4 物资盘点管理

物资盘点管理是指定期或临时对库存物资的实际数量进行清查、清点的作业，即为了掌握货物的流动情况（入库、在库、出库的流动状况），对仓库现有物品的实际数量与保管账上记录的数量相核对，以便准确地掌握库存数量。

盘点内容包括查数量、查质量、查保管条件、查设备、查安全。物资部门仓储管理人员根据盘点结果在 ERP 系统进行输入，对存在差异的物料生成并打印“盘点差异清单”。财务资产部相关管理人员审批盘点差异并进行盘点差异账务处理，打印相关财务凭证。

3.6.2　物资管理内部控制管理

3.6.2.1　物资管理业务流程

物资管理业务流程如图3-2所示。

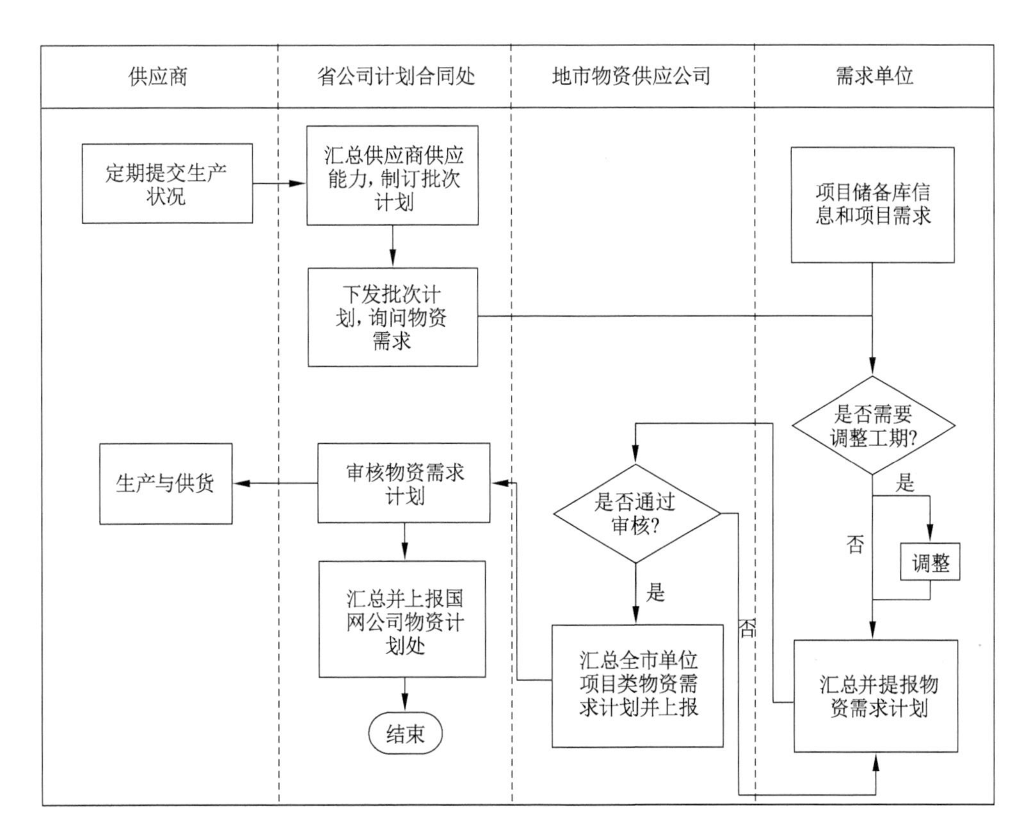

图3-2　物资管理业务流程图

3.6.2.2　物资关键业务控制

1. 需求计划管理

（1）电力物资计划要素管理。需围绕电力物资计划编制、申报、审批、执行的全过程要素展开，年度物资计划总量指标、物资计划上报与审批的管理同样需要得到重视。

（2）电力物资计划管理程序规范。需加强电力物资计划编制、报送、监督管理，其中，编制管理的加强需重点围绕技术参数、交货时间、规格数量等计划要素展开；报送管理需做好招标计划的报送工作，计划内容的实质性变更需要得到重点关注；监督管理需密切关注原材料市场，以此分析主要设备材料成本与市场价格存在的联动关系，并动态跟踪市场供需关系、供应商产能变化，以此合理调整电力物资计划实施进度。

2. 供应商管理

科学的供应商选择流程可概括如下：环境分析→确定合作伙伴选择目标→简历供应商评价标准→简历专家库→选择供应商→实施供应链供应商合作关系。

3. 监造管理

监造管理需围绕设备监造竞争机制完善、设备监造行业管理、监理单位内部制度建设展开。以监理单位内部制度建设为例，这一建设主要是为了保障监理工作的顺利开展，因此，必须建立监理岗位责任制。

4. 物资超市管理

需创新管理方式、完善采购配送模式、优化物资配送业务流程，并提高物资超市的物资供应能力。

3.6.2.3 物资管理信息系统

1. 构建系统平台

电力物资管理系统，实质上就是一个跨部门的系统。该系统需要实施大量可靠的数据来进行计算，因此运用单行企业级的数据库，可以确保企业物资管理平台更加规范。

2. 电力工程物资系统技术构架

该系统技术构架主要由数据层、BI 商业智能、工作引流擎、业务层、Web 层、客户端 6 个关键层面构建而成。

3. 物资管理信息系统模块划分

依据物资管理的各项内容，物资管理信息系统可以分成系统维护模块、出入库及库存管理模块、物资需求分析模块、采购合同管理模块、供应商管理模块、统计分析模块、权限管理模块、数据备份模块等。

系统维护模块可以针对各类基础数据实施编码，是信息管理的基础。出入库及库存管理模式是整个物资管理系统的关键所在，对各项物资实施物资破损维修管理、领料管理、退货管理及进货管理等。物资需求分析模块主要依据的是电力工程的施工进度，统计所需要的具体物资，再依据目前的库存数据将各项物资的具体采购量确定出来。物资需求分析模块还可以高效率地运用库房中的物资，也就是可以确保工程井然有序实施，降低采购方面的成本。采购合同管理模块实质上针对的是采购情况、维护、到货情况及合同执行情况的查询与管理。供应商管理模块主要用来维护供应商的各项基本信息，针对供应商可以及时提供各项物资信息，并予以登记和维护。统计分析模块主要用来统计分析各类工程所需要材料的信息，数据可以运用表格的方式予以统计并显示出来，也可以利用柱状图或饼图的形式来将结果展现出来。权限管理模块对于系统之内的全部用户实施权限化管理，可以最大限度地确保可资料的安全性与科学合理性。数据备份模块针对系统内部的数据实施定期的备份，预防由于诸多因素而遗失各项数据，从而影响系统的运行。

4. 应用

利用ERP系统，业务部门之间很好地实现了信息之间的传输和共享（同一平台），对信息的查询与追踪也会更加便利。ERP系统中的多维度条件选择功能与信息汇总统计功能可以提供多样化的报表分析，提升30%的工作效率。

3.6.2.4　物资风险管控

根据物资供应链的环节划分和风险梳理，物资供应过程中主要面临以下几类风险：

（1）违法违规风险。例如在招标采购环节，有可能出现编制倾向性招标采购文件、干预招标结果，采取不合理采购方式、排斥潜在投标人、项目实施不规范，拆分项目规避招标、违规指定承包商操纵招标结果、不按审批通过的采购方案实施采购等违规问题。

（2）怠于行使权力的风险。例如在采购、废旧物资处置等环节有可能出现专家抽取不严肃、部分供应商根据市场原材料行情选择性履行合同、到货验收记录不全、废旧物资在拆除环节发生替换行为，或回收商移交环节发生计划回收数量、设备型号与实际不符等问题。

（3）违约风险。例如在合约签订履约环节，有可能出现物资合同长期未履约、未按合同约定收取履约保证金、合同供货时间与实际要求供货时间不符、品控管理制度落实不严格等问题。

（4）侵权风险。例如供应商评价不够细致，影响供应商投标资格审核；侵犯供应商的权益，影响评标结果公正性和电力企业的形象；在用工方面不规范，影响员工的劳动权益；等等。

3.6.2.5　物资管理供应链流程

按照物资从设计到生产、流转的顺序，供应链的职能分别如下：

1. 采购供应管理职能（成本费用管理）

按照采购计划时间，编写标书、寻找潜在供应商、根据国家法规和相关规范要求，选择合适的采购方式（如招标、询比价、竞争性谈判、框架协议谈判等方式）进行物资采购。采购完成后签订物资供应合同。

2. 工程物资运营管理

（1）质量管理。对于材料、外购件、外协件的材质证明书、合格证等质量证明文件，在制造过程中做好跟踪记录。如果需要，还会邀请第三方检验机构参加检验。确认质量符合要求后，签发发运证书。在工程建设领域到货验收是设备材料安装前的最后一道检验程序。验收不合格产品坚决不允许使用。

（2）进度管理。供货厂商接到订货合同后及时安排排产计划，跟踪、检查确认供应商所需的设计图纸等文件。跟踪供货商制造厂的生产进度总计划及变更情况，检查供货厂商主要原材料的采购进展情况，检查主要外协件和配套产品的采购进展情况。检查设备的制造、组装、试验、检验和装运的准备情况。

3. 物流仓储管理

工程建设领域的仓储，不是制造商的库存。事实上是物流工作的一个延伸，是供货商产品生产完成后，运输到施工现场的场地存储。物资的到货清点、验收、入库、出库、库存盘点等各个环节，都是工程物资供应管理的重要组成部分。

3.6.2.6　物资风险管理办法

1. 建立物资的防范机制

（1）学法常态化。依据法律法规、规章制度、业务流程、作业指导书等制度规定进行“依法管物”，开展法制宣传教育活动、组织重大决策法律论证活动，开展重大法律风险管理活动，组织或参与法律纠纷案件的处置工作。

（2）创新依法管物普法形式。实行典型业务案例汇编的案例公开共享模式，以案说法，实现防范风险关口前移。

（3）强化法律顾问现场支持。

2. 依法决策，建立健全的制度保障

（1）把好制度管控关口。完善关键环节业务执行依据的梳理和规章制度；逐项评估业务执行的依据是否充足，是否执行到位；建立定期评估修改反馈机制，使法律风险“进流程”“进岗位”，减少自由裁量空间，形成法律风险的防火墙。

（2）把好风险管理关口。以物资供应全过程来梳理法律风险，明确风险点、关键控制点。

（3）把好岗位用权关口。健全业务工作权限管理机制，完善关键岗位的权力责任清单。

3. 依法经营，坚持高效的法治实施

（1）招投标法律服务保障。通过自身业务梳理，明确招投标法律内容，积极引入第三方监督。

（2）合同精益化管控。开展合同精益化管理，规范签订管理，强化履约管理，把好“签约、履约、配送”三个关口，做好合同起草、签订、履约、变更、终止等工作，探索建立合同全过程查询体系，明细管理责任界面，实现合同管理有痕迹、可追溯、能考核。

3.6.2.7　物资管理供应链风险评估模型

影响供应链安全运行的因素很多，在风险评估的实践中，供应链风险系统中有许多事件的风险程度是不可能精确描述的。因此，在供应链风险的综合评价中采用模糊风险因素分析法。它结合了模糊评价方法和风险因素分析方法，通过对供应链各个环节可能导致风险发生的因素进行模糊评价分析，以确定供应链各个环节风险发生的概率。

模糊风险因素分析法能较详细地反映各要素的风险程度，也有利于考察其对最终风险的影响。为研究方便，我们通过计算供应链系统的可靠性来衡量供应链系统的风险。采用模糊风险因素分析法进行供应链风险评价的基本思路：综合考虑各种供应链风险因素，确定每一种风险因素的可靠性程度，计算出供应链企业的可靠性，进而计算出整条供应链的可靠性。评价供应链企业靠性水平的具体步骤如下：

① 选定评价因素，构成评价因素集；

② 根据评价的要求，划分等级，确定评价标准；

③ 对各风险要素进行独立评价，得出评价矩阵和权重矩阵，见表3-1（其中 A_n 为风险因素，B_n 为风险因素的权重，e_{mn} 为评价值，D_m 为企业名称，F 为评价结果）；

表3-1　可靠性评价矩阵

企业名称	A_1（B_1）	…	A_n（B_n）	F
D_1	c_{11}	…	c_{1n}	F_1
⋮	⋮		⋮	⋮
D_m	c_{m1}	…	c_{mn}	F_m

④ 进行数学运算，计算出评价结果。有了供应链上各企业的可靠性评价之后，用式（3-1）计算出整条供应链的可靠水平：

$$F_m = c_{m1}B_1 + \cdots + c_{mn}B_n \tag{3-1}$$

式中：F_m 为供应链中第 m 个企业的可靠性。

3.7　增量配电网建设组织管理

3.7.1　业主项目部管理

业主项目部是增量配电网工程建设管理具体负责建设项目管理任务的基建管理机构，建设管理单位可以根据管理任务和管理人员情况组建一个或若干个业主项目部，每个业主项目部设置业主项目经理、建设协调专责、安全管理专责、质量管理专责、造价管理专责和技术管理专责等岗位，各单位可根据管理人员情况，以建设管理单位基建管理部门（或工程综合管理部门）专业管理工程师为主配备业主项目部管理人员，一名管理人员可以在同一个业主项目部内兼任多个岗位，由一个业主项目部负责一个增量配电网项目群的管理工作。主要职责如下：

（1）参与增量配电网工程年度投资计划的编制工作。配合增量配电网项目投资部门编写增量配电网工程年度投资计划；根据项目进度要求合理安排项目资金计划。

（2）参与增量配电网工程项目的可行性研究、初步方案评审，组织施工图设计评审等工作。组织设计、施工、监理、运行等部门审核施工图设计，对项目的技术、工艺、材料、进度等进行审核。

（3）负责增量配电网工程年度实施进度策划方案的编制工作。增量配电网工程年度实施进度计划是从工程项目开始建设到竣工投产全过程的统一部署，是各参建单位工作计划的编制依据，是对保证项目建设的连续性，可增强建设工作的预见性。

（4）负责增量配电网工程红线报批、政策处理等相关手续的办理工作。

（5）参与增量配电网工程项目的设计、监理、施工招标及合同管理等工作。

（6）负责增量配电网工程项目的安全、质量、进度、造价等管理工作。

（7）负责增量配电网工程变更、现场签证等手续审批工作。

（8）负责增量配电网工程物资的审核、申购、验收等协调工作。

（9）负责增量配电网工程项目的工序验收、竣工验收、投产协调等工作。

（10）负责增量配电网工程项目的结算审核、报审等工作。

（11）负责增量配电网工程资金的管理工作。

（12）负责并督促增量配电网工程资料的收集、整理、移交及归档等。

（13）负责对参建队伍工作质量的综合评价。

3.7.2　设计队伍管理

增量配电网工程设计管控环节主要内容包括设计策划、初步设计、初步设计评审、施工图设计、现场服务、设计变更和竣工图设计等。

3.7.2.1　工程设计质量全过程管控

在工程初步设计前，应根据工程条件，确定总体技术原则，开展项目设计策划，全面采用公司标准化建设成果，积极应用基建新技术，落实建设坚强智能电网有关要求。

初步设计应执行相关法律法规、规程规范、项目可行性研究报告评审意见及批复文件；全面采用通用设计、通用设备、通用造价、标准工艺、“两型一化”、“两型三新”、“全寿命周期设计”等规定和要求；设计文件应满足初步设计内容深度规定、设备标准，以及“十八项电网反事故措施”要求。

初步设计评审应遵照国家有关工程建设方针、政策和强制性标准，落实公司坚强智能电网设计建设要求，满足电网安全、稳定、经济运行需要。对评审过程中发现的问题，设计单位应按要求及时修改完善设计方案。评审意见应全面、准确反映设计质量管理和技术管理要求。

施工图设计应执行相关规程规范，按照初步设计批复文件，全面落实公司基建标准化成果、新技术应用要求，以及通用设备标准接口和施工标准工艺要求。设计文件应满足施工图设计内容深度规定。

设计单位应按要求进行施工图交底；在工程实施过程中按要求配置工地代表，及时协调解决设计技术问题。

竣工图设计应符合国家、行业、公司相关竣工图编制规定，内容应与施工图设计、设计变更、施工验收记录、调试记录等相符合，真实、完整体现工程实际。

3.7.2.2　设计技术问题协调

为全面提高增量配电网工程设计质量，应加强工程建设关键环节管控，建立增量配电网工程初步设计技术问题沟通汇报机制。

对增量配电网工程安全运行、关键性能、设备选型、智能化技术、新技术应用等方面，发布《增量配电工程典型设计》。

项目法人单位应严格执行设计技术问题沟通汇报机制，在开展项目策划、组织初步设计时，梳理设计技术问题，按规定向上级主管部门沟通汇报。

设计评审单位应对照清单核实设计技术问题，督促项目法人单位提前组织专题论证并进行沟通汇报。对于按规定需要沟通汇报的技术问题，应经上级基建管理部门批复后开展评审工作。

3.7.2.3　设计质量评价及考核

落实工程设计质量全过程管控要求，对增量配电网工程开展设计质量评价及考核。工程设计质量评价范围主要包括初步设计、施工图设计、现场服务、设计变更、竣工图设计五部分。评价结果由初步设计 65%、施工图设计 20%、现场服务 5%、设计变更 5%、竣工图设计 5% 的权重系数加权计算形成。设计变更、竣工图设计质量评价由建设管理单位在工程施工过程中及时完成。工程设计合同总价的 10% 作为设计质保金。设计质保金根据工程设计质量评价结果在工程投运、消除全部设计缺陷并提交竣工图后 30 个工作日内予以支付。

3.7.2.4　设计变更与现场签证审批流程

一般设计变更（签证）发生后，提出单位应及时通知相关单位，建设管理单位组织各单位 7 天内完成审批。

重大设计变更（签证）发生后，提出单位应及时通知相关单位，经建设管理单位审核上报省公司级单位审批。

设计变更与现场签证批准后，由监理单位下发现场执行。

设计变更与现场签证应由监理单位、设计单位、施工单位、业主项目部、建设管理单位或项目法人单位依次签署确认。如果发生紧急情况，监理单位认为将造成人员伤亡或危及项目法人权益时，可直接发布处理指令，由此引起的设计变更与现场签证应补办签署意见。

设计变更文件应准确说明工程名称、变更的卷册号及图号、变更原因、变更提出方、变更内容、变更工程量及费用变化金额，并附变更图纸和变更费用计算书等。

现场签证应详细说明工程名称、签证事项内容，并附相关施工措施方案、纪要或协议、支付凭证、照片、示意图、工程量及签证费用计算书等支撑性材料。

设计变更费用应根据变更内容对应概算或预算的计价原则编制，现场签证费用应按合同确定的原则编制。设计变更与现场签证费用应由相关单位技经人员签署意见并加盖造价专业资格执业章。

设计变更应及时实施，并严格执行施工、验收标准，满足建设要求。

设计单位编制的竣工图应准确、完整地体现所有已实施的设计变更，符合归档要求。

相关单位应及时归档设计变更与现场签证文件；引起费用变化的设计变更与现场签证，监理单位应及时整理报送业主项目部，作为工程结算的依据。

设计变更与现场签证未按规定履行审批手续，其增加的费用不得纳入工程结算。

3.7.3 监理队伍管理

增量配电网工程监理应当依照法律、行政法规及有关的技术标准、设计文件和建筑工程合同，对承包单位在施工质量、建设工期和建设资金使用等方面，代表建设单位进行监督。

3.7.3.1 设计阶段建设监理工作的主要任务

（1）协助编写工程勘察设计任务书。

（2）协助组织建设工程设计方案竞赛或设计招标，协助业主选择勘测设计单位。

（3）协助拟订和商谈设计委托合同。

（4）配合设计单位开展技术经济分析，参与设计方案的比选。

（5）参与设计协调工作。

（6）参与主要材料和设备的选型（视业主的需求而定）。

（7）审核或参与审核工程估算、概算和施工图预算。

（8）审核或参与审核主要材料和设备的清单。

（9）参与检查设计文件是否满足施工的需求。

（10）设计进度控制。

（11）参与组织设计文件的报批等。

3.7.3.2 施工招标阶段建设监理工作的主要任务

（1）拟订或参与拟订建设工程施工招标方案。

(2) 准备建设工程施工招标条件。

(3) 协助业主办理招标申请。

(4) 参与或协助编写施工招标文件。

(5) 参与建设工程施工招标的组织工作。

(6) 参与施工合同的商签。

3.7.3.3 材料和设备采购供应的建设监理工作的主要任务

对于由业主负责采购的材料和设备物资，监理工程师应负责制定计划，监督合同的执行。具体内容包括：

(1) 制订（或参与制订）材料和设备供应计划和相应的资金需求计划。

(2) 通过材料和设备的质量、价格、供货期和售后服务等条件的分析和比选，协助业主确定材料和设备等物资的供应单位。

(3) 起草并参与材料和设备的订货合同。

(4) 监督合同的实施。

3.7.3.4 施工准备阶段建设监理工作的主要任务

(1) 审查施工单位选择的分包单位的资质。

(2) 监督检查施工单位质量保证体系及安全技术措施，完善质量管理程序与制度。

(3) 协助业主处理与工程有关的赔偿事宜及合同争议事宜。

3.7.3.5 工程监理的工作方法

主要原则：实施增量配电网工程监理前，建设单位应当将委托的工程监理单位、监理的内容及监理权限，书面通知被监理的建筑施工企业。工程监理人员认为工程施工不符合工程设计要求、施工技术标准和合同约定的，有权要求施工单位改正。工程监理人员发现工程设计不符合建筑工程质量标准或合同约定的质量要求的，应当报告建设单位要求设计单位改正。

工程监理的工作程序如下：

(1) 编制工程建设监理规划。

(2) 按工程建设进度、分专业编制工程建设监理实施细则。

(3) 按照建设监理细则进行建设监理。

(4) 参与工程竣工预验收，签署建设监理意见。

(5) 建设监理业务完成后，向项目法人提交工程建设监理档案资料。

3.7.4 施工队伍管理

施工单位在收到中标通知书并与建设管理单位签订合同后，应立即成立施工项目部。施工项目部应设在项目所在地。当中标合同中含多地的，应在工程量较大之地成立施工项目部，其余各地可成立施工项目分部。施工项目部应由中标施工单位书面文件下发成立。

施工项目部人员设置，应包括项目经理、安全员、质检员、技术员、资料信息员和材料员等，视工程需要可增设项目副经理、协调员和造价员。施工项目分部（若有）人员设置：项目副经理（分部负责人）和安全员应为专职，其余质检员、技术员、资料员、材料员等可兼职。

施工项目经理是施工现场管理的第一责任人，全面负责施工项目部各项管理工作（施工项目副经理协助施工项目经理履行职责）。

（1）主持施工项目部工作，在授权范围内代表施工单位全面履行施工承包合同。对施工生产和组织调度实施全过程管理。确保工程施工顺利进行。

（2）组织建立相关施工责任制和各专业管理体系，组织落实各项管理组织和资源配备，并监督有效运行。负责项目部员工管理绩效的考核及奖惩。

（3）组织编制项目管理实施规划（施工组织设计），并负责监督落实。

（4）组织制订施工进度、安全、质量及造价管理实施计划，实时掌握施工过程中安全、质量、进度、技术、造价、组织协调等总体情况。

（5）组织召开项目部工作例会，安排部署施工工作。

（6）对施工过程中的安全、质量、进度、技术、造价等管理要求执行情况进行检查、分析及组织纠偏。

（7）负责组织处理工程实施和检查中出现的重大问题，并制订纠正预防措施。特殊困难及时提请有关方协调解决。

（8）合理安排项目资金使用。落实安全文明施工费申请、使用。

（9）负责组织落实安全文明施工、职业健康和环境保护有关要求。负责组织对重要工序、危险作业和特殊作业项目开工前的安全文明施工条件进行检查并签证确认。负责组织对分包商进场条件进行检查，对分包队伍实行全过程安全管理。

（10）负责组织工程班组级自检、项目部级复检和质量评定工作。

第 4 章

增量配电网多维精益化运维管理

4.1　增量配电网运维精益化管理体系概述

目前，配电网运维正逐步由“被动”向“主动”转变，由人工经验向智能决策转变，配电网管理开启了智能新模式应用。为了适应当前的新形势变化，加快实现一流配电网的目标，需要深化配电网管理体系的创新，构建起协同高效的配电网管理机构和执行流程。为了适应未来新模式配电网的发展需求，需要从运营指挥、技术支撑、不停电作业和设备检测等方面着手，构建配电网的创新管理体系，持续提升配电网运营管控能力，以进一步实现配电网实时在线监控、运行统计分析、关键指标监控统计，以及现场工作状态、质量和效率的全面管控。

4.1.1　运营指挥体系创建方案

积极开展配电运营指挥体系试点建设，通过对原供电服务抢修指挥中心进行业务和流程再造，进一步整合营配调资源，拓展客户快响和配电运营指挥业务，以合署办公形式，高效协同调度。成立集调控运行、生产指挥、客户服务、运营监测、安全管控于一体的配电运营指挥中心，中心充分发挥对上支撑、对下指挥、过程监督、分析管控的综合职能，为全面推动营配调协同工作积累经验。

4.1.2　创建技术支撑管理体系

融合配电运检、电缆运检和带电作业室相关技术力量，建立增量配电网技术中心，作为增量配电网专业技术管理的支撑机构，主要由配电网设备技术、运行分析、配电自动化、不停电作业、科技攻关等专业支撑。

4.1.3　创建不停电作业管理体系方案

统一不停电作业流程，计划刚性管理，统一人员装备调配，共享技术成果，统

一质量评估，规范数据资料，统一智能库房建设，优化资源配置，统一模范试点推广，提升技能水平，实现不停电作业建设标准化与规范化；完善组织机构与职责分工、计划与安全管控、人员与装备管理，实现不停电作业管理高效、管控有力、技术共享、资源集约。

4.1.4 创建配电网设备质量管控体系

建立协同配电网设备质量管控体系，以物资部门配电网设备入网抽检的现有检测体系为基础，设置配电网设备质量管控专职人员，并实现运检部门与物资部门的现有各级检测中心资源共享，按照运检部的具体要求进行扩展，提升资源整合有效性。

配电网设备质量管控体系管理分为四大块业务，分别是配电网设备检测计划管理、配电网设备检测管理、故障设备检测管理、配电网设备质量问题管理。

配电网设备检测计划管理是整个配电网设备质量管控体系管理的起点，各级检测中心向运检部反馈检测能力，运检部结合配电网工程建设情况、设备实际运行情况向检测中心报送本年度的配电网设备质量管控需求，编制检测月度计划开展送检。各级检测中心接收送检设备，完成检测作业，及时向送检单位出具检测结果，形成配电网设备质量管控分析报告。根据配电网设备质量管控分析报告，对有关产品质量问题的供应商进行约谈。由专家库抽调专家组参与约谈，并最终形成质量问题处理方案。

配电网设备质量问题管理建立在配电网设备检测和故障设备检测的基础之上，针对检测结果对不良供应商进行处理，在源头切实提高配电网设备质量。通过配电网设备质量问题管理，整个配电网设备质量管控体系形成有效闭环。

4.2 推进增量配电网智能运检

4.2.1 开展配电网差异化巡检

综合考虑线路设备的重要性、运行工况、缺陷故障、运行环境等信息对设备进行分级，将配电网设备分为重点设备和一般设备，重点对架空线路、电缆、开关柜、配电变压器等主设备及附属设备开展运维工作。重点设备和一般设备实行动态调整机制，根据运行工况、运行环境等变化实时调整设备评级，从而有针对性地制订工作计划，下达工作任务。配电运维人员结合各种状态检测手段开展巡检工作，提高巡检针对性。

4.2.2　推广应用智能移动巡检终端

全面推广智能移动巡检终端，利用电网移动 GIS 平台所提供的空间展现和分析功能，结合 GPS、RFID 和无线传感等先进技术，借助智能移动巡检终端为现场图像照片采集、地图展示、辅助勘察、辅助设计、设备查询定位、台账查看、数据采集、数据同步、巡视管理、缺陷管理、隐患管理、标准化作业指导书的应用等业务提供便捷。完善移动终端与各后台信息系统数据交互功能，不断改进智能巡检应用功能，更加符合运维人员的使用需求，提升现场巡检作业标准化和智能化水平。

4.2.3　推广应用状态检测技术

全面推广红外成像、开关柜暂态地电波、超声波局部放电、特高频局部放电、无人机巡视等先进成熟带电检测技术应用，落实差异化状态检测计划，准确掌握配电网设备状况，及时发现各类缺陷隐患。全面开展电缆 OWTS 振荡波局放检测、超低频介损老化评估技术，有效评估电缆线路绝缘状态，实现 20 年及以上电缆绝缘老化评估全覆盖。研究应用局部放电精确定位技术，精确定位变压器、开关柜、电缆等设备内部绝缘缺陷，诊断放电类型，评估绝缘缺陷的危害性，精确指导设备检修。

4.2.4　图形化方案管理

构建从 10 kV 到 380 V 的中低压等级电网接线图，显示配电网终端数据等实时运行信息，依托配电网图形和运行数据开展调度业务，解决“盲调”问题，全面提升配电网调度管理和应急指挥工作水平。结合营配调贯通提供的“站—线—变—箱—户”的一致性成果，在基建、技改、业扩项目方案编制等方面，结合网架结构和负荷水平，对设计方案进行图形化的编制、评估、修订和归档管理，实现项目方案与现场实际异动一致，以及项目方案编制最优化。

4.2.5　台区精益管理

统计分析配电网供电半径、设备负荷、无功运行等数据，开展运行综合评估，为优化线路结构、减少近电远供提供决策依据。统计分析居住、办公、商业等客户用电特点，结合配变负荷曲线、天气状况等信息，实现配变中短期负荷预测，提出变压器增容、改造方案。结合低电压区间范围、时段特性、电网结构、地区分布等，提取用户和台区智能表等信息，实现低电压监测与告警。

4.2.6 提升配电网主动预警能力

移动互联技术、虚拟现实等技术的集成应用，使生产管理和运行人员全面掌握配电网异常、告警等业务信息（跳闸、停运、重过载、电压越限、三相不平衡、线损异常及各种天气情况等），能够主动应对配电网各种异动情况，并借助移动抢修部署、标准化驻点建设、配抢系统高级功能应用开发为切入点，采用大数据技术，升级主动抢修、主动研判等高级功能，强化业务关键环节的监控和全过程闭环管理，及时发现异动，实现故障抢修效率的最优化，达到故障抢修精益管理的业务目标，实现智能配电网主动预警功能在公司应用的全覆盖。

4.2.7 构建智能"医导"系统

缺陷管理工作要本着电网设备"应修必修，修必修好"的理念，珍惜每一次停电机会，按照"能带不停、少停慎停、一停多用"原则，实现"检修、技改、扩建"一条龙作业，尽量减少电网停电时间。但是在实际工作中，往往因为多方面原因造成设备反复停电、顽固缺陷难消、遗留缺陷滞存等，如检修物资供应不及时或不匹配、不同专业检修人员协作意识差、设备检修与改扩建工程各自为营等，不仅严重威胁着电网的安全运行，而且检修效果较差。另外，供电企业运检人员配置率偏低问题突出，运检人员管理设备多、范围广，部分专业人员配置率偏低。电网规模不断增长，但运检人员数量却保持长期相对稳定，甚至因为人员退休补充不及时、人员转岗、人员培训周期长等原因，运检人员数量呈现不断减少的趋势，人均负责设备数不断增加，人员无法应对日益增长的运检任务。同时，传统管理方式对生产一线运检工作的管控力度不足，不能满足状态实时可知可控的要求，亟须构建更加高效的管理体系，进一步优化业务流程、创新管理模式，提高资源优化配置效率。

4.2.7.1 智能"医导"系统内涵

智能"医导"系统的过程包括状态评价、医导诊断和消缺决策。状态评价是以大数据分析为基础，通过参数、状态、环境、行为等属性描述设备状态，以设备时间指数表征设备状态。医导诊断是以设备时间指数为依据，形成优先待消缺设备集，并进行诊断分析，形成挂号、分诊、诊断、医疗、急诊等全过程设备医导，生成设备缺陷诊断报告，最终形成个性化的治疗方案。智能"医导"系统框架如图 4-1 所示。

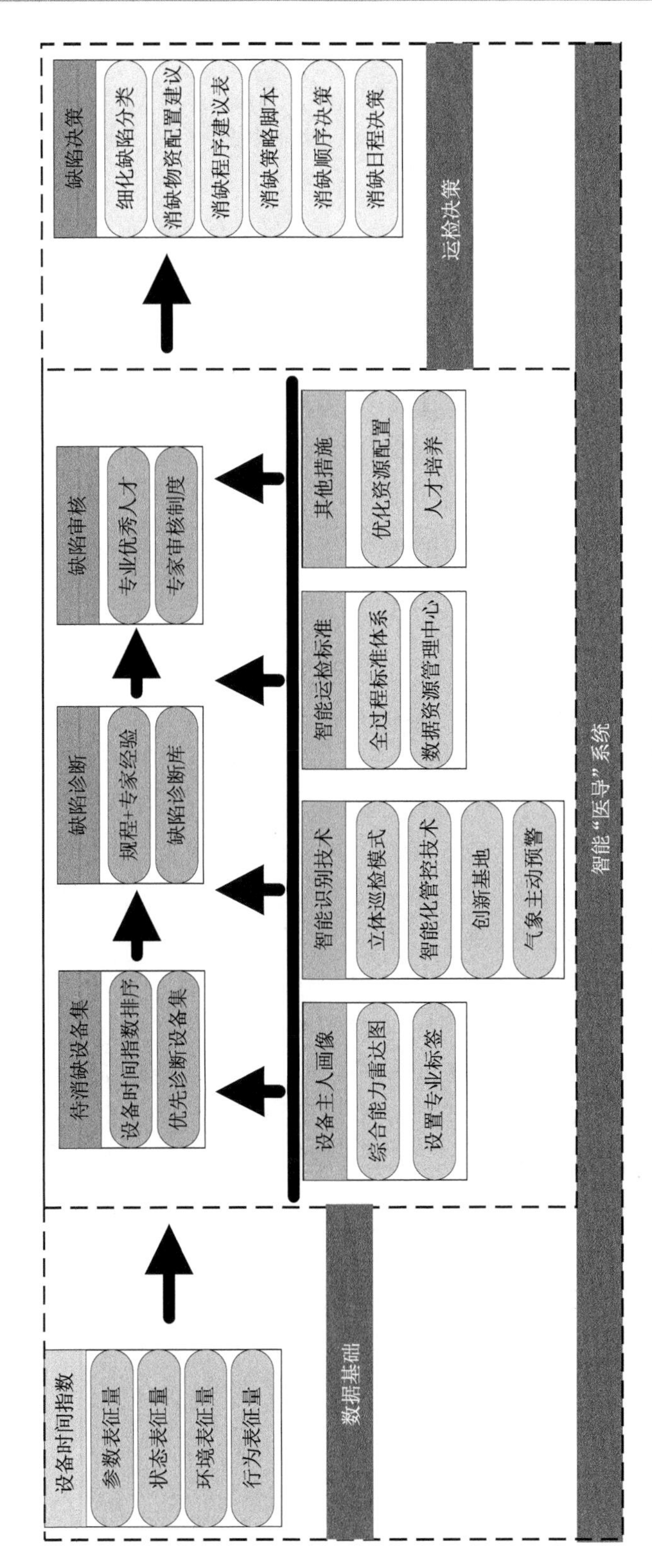

图 4-1　智能“医导”系统框架图

4.2.7.2 构建设备时间指数模型

1. 分析设备状态数据

“医导”系统针对的是存在缺陷或潜在缺陷的设备，即设备的状态评价，而数据是设备状态的直观体现。数据受采集装置、通信传输及人为因素等影响，存在数据不一致、缺失值、噪声数据等不良数据，将会误报、漏报设备缺陷，导致“医导”的紊乱。因此，需要对设备状态数据进行分析。

（1）数据来源

设备的多方面、多维度数据从总体视角进行重新构建，从现有的各类数字化系统中提取数据，分析各维度数据之间的综合关联和潜在联系，从而形成表征设备状态的强大数据库。根据数据需求及存储位置，建立不同类别数据的标准采集样表，开发服务的数据接口和专用数据接口函数，接入的任何系统均可通过服务接口将数据自动输入数据平台系统数据库，实现设备大数据分析平台数据库与现有的各信息化管理系统进行大量的数据传送和数据接口。

（2）数据预处理

根据数据类别不同及数据时序性的特征规律，进行数据智能识别，实现不良数据智能告警，避免不良数据造成设备缺陷误报。通过对不良数据剔除、纠正形成相对独立标准的表征设备状态的大数据集，为归纳整理“四表征量”提供高质量的数据。

① 数据剔除。不同类型的数据具有自身的特征变化规律，包括时序性特征规律、大小特征规律，对于明显不符合数据特征规律的噪声数据，应直接剔除，排除干扰。

② 数据纠正。对于受运行环境影响的装置采集，其数据准确性和稳定性受到一定影响，建立数据智能转换模型，选取正确的状态监测量，不直接选取在线监测值进行诊断分析，而是采用比值、拐点、速率等特征量，间接获取数据价值，减小数据本身误差的干扰。对于传输造成的缺失值，采用回归、贝叶斯形式化的方法归纳确定，填充缺失的数据值。

2. 对设备数据进行归纳整理

以表征设备状态的大数据集为基础，通过深入分析表征设备状态的特征量，划分了设备参数、状态、环境、行为 4 个表征量，捕捉设备状态特征，基于“四表征量”构建设备时间指数指标，为“医导”系统提供诊断对象。

（1）用参数类信息描述设备状态

设备参数类信息包括家族性同类设备缺陷评价方法、自然年龄、绝缘年龄、运行效率值，基于设备参数类信息构建了设备参数表征量模型（见图 4-2），从参数属性上描述设备状态。

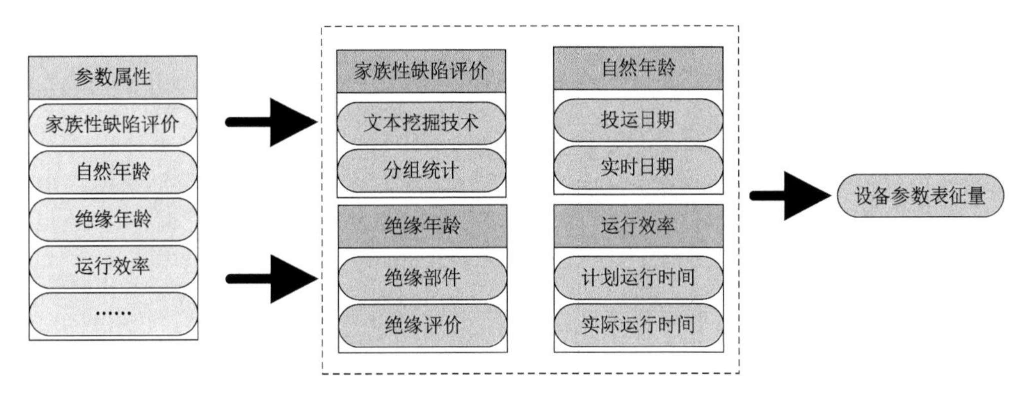

图 4-2　参数表征量

① 家族性缺陷评价

根据设备台账、缺陷情况、故障情况、试验诊断报告或解体检查情况等数据认定设备家族性缺陷，如图 4-3 所示。采用文本挖掘技术，对海量缺陷内容信息进行分词，提取设备重要缺陷特征，形成设备缺陷特征词云图，如图 4-4 所示，为设备家族缺陷辨识提供辅助依据。基于分类算法和聚类算法，计算设备缺陷内容的相似性，为设备缺陷进行标签标识，实现同厂家、同型号、同种缺陷类型的数量（数量≥5，即可判断为疑似家族性缺陷）的多维度分析，为设备家族缺陷辨识提供辅助依据。

② 自然年龄

自然年龄表征设备固有的老化失效规律，反映设备性能的最基本特征量。自然年龄等于当前日期减去投运日期。

③ 绝缘年龄

绝缘年龄表征设备的实际性能状态，受多因素影响，情况越恶劣，绝缘年龄越大于自然年龄。绝缘年龄等效于设备绝缘部件的状态特征。

④ 运行效率

设备停运时间越长，工作时间越短，设备机能越优。设备运行效率值等于运行时间与计划运行时间的比值。

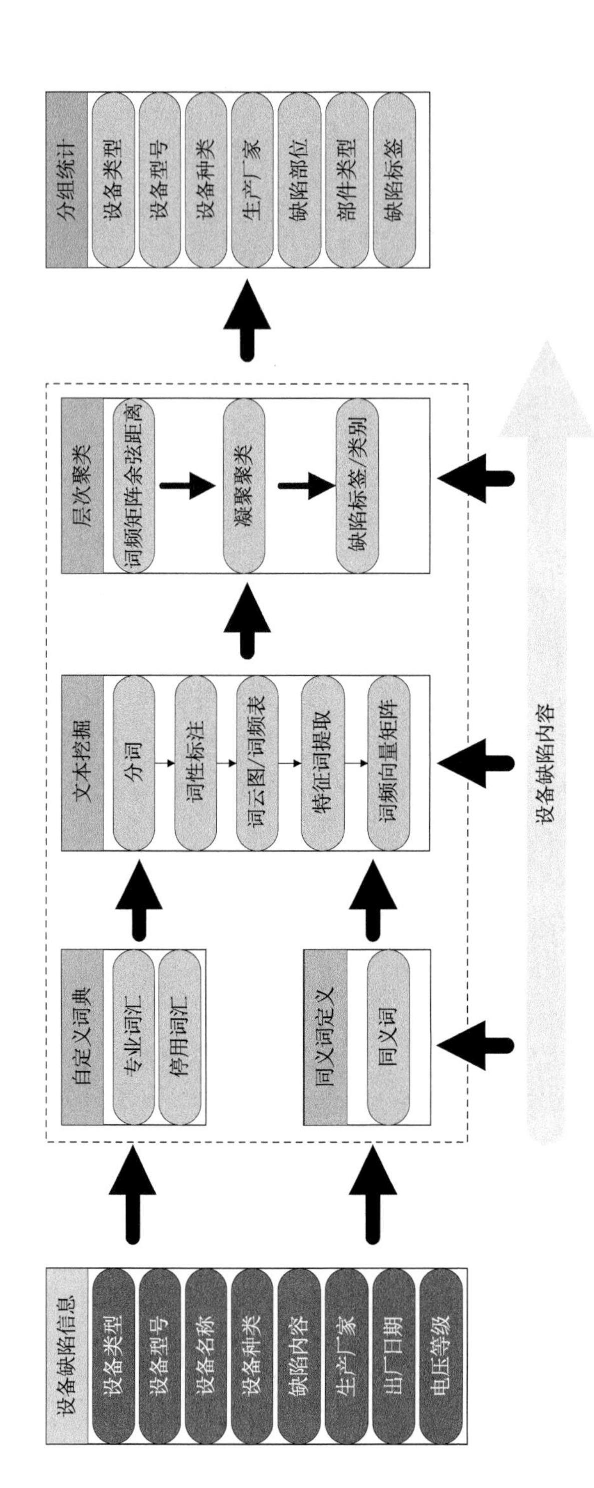

图 4-3　家族性缺陷分析技术路线

图 4-4　设备缺陷特征词云图

（2）用状态类数据描述设备状态

运行数据反映设备运行工况，统计分析设备电气量参数与上限值差值的大小与历经时间，提出电压、电流、负载率等指标，并根据设备在线监测数据，离线试验数据、带电检测数据、巡视检查数据综合建立设备状态表征量模型（见图 4-5），从状态属性上描述设备状态。

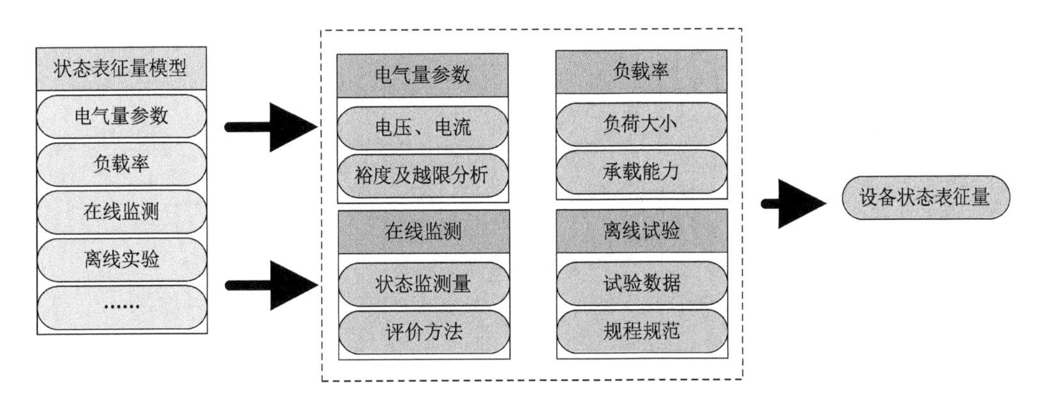

图 4-5　状态表征量

（3）用环境类数据预警设备状态

对环境气象因素进行梳理，可将其分为三大类：基本气象要素、天气过程和气象灾害，如图 4-6 所示。分析设备气象致灾的故障机理，评估设备所处气象环境对设备的影响，建立设备气象受损评估模型，以气象条件及作用时间为输入，等效输出设备损害程度。

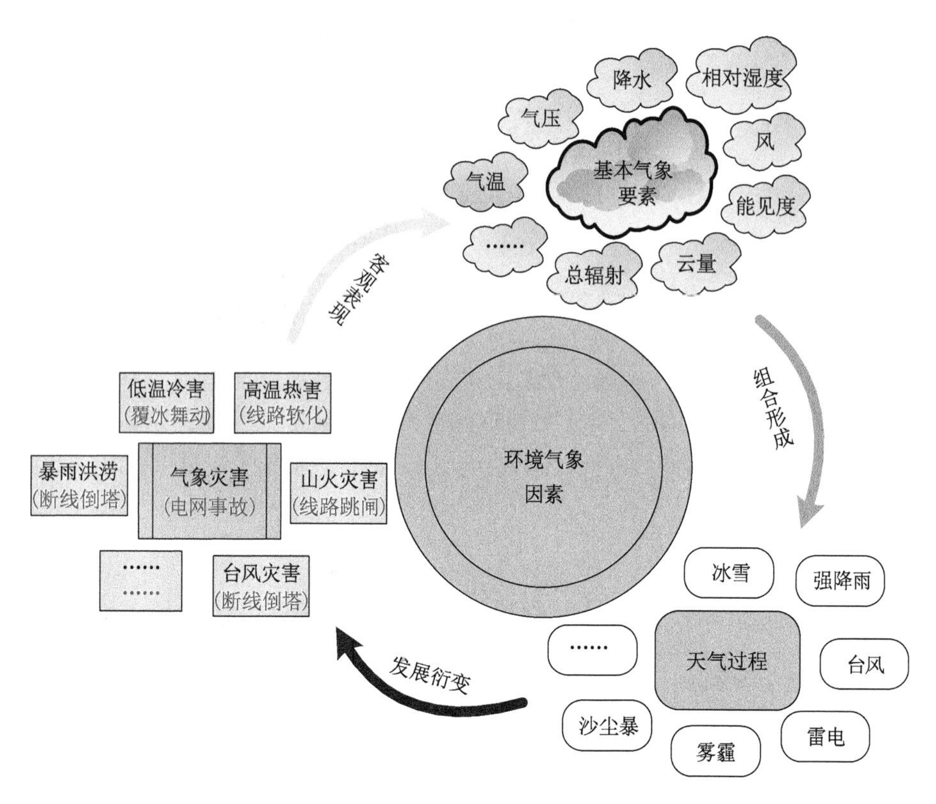

图 4-6　环境气象要素分类

（4）挖掘员工行为类数据价值

从次数、内容分类评价、人员统计，建立搜索行为、阅读行为、巡视行为、检修行为等的行为量化模型及评价机制（见图 4-7），挖掘行为价值。

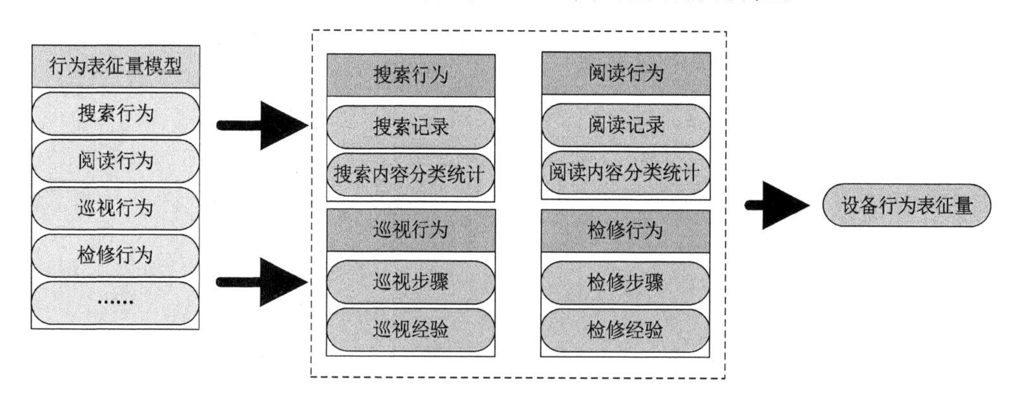

图 4-7　行为表征量

3. 构建设备时间指数模型

设备时间指数是综合反映设备状态的指标，设备时间指数大小反映的是设备缺陷的风险概率。通过综合分析设备参数表征量、状态表征量、环境表征量、行为表征量，建立能够精确全面反映设备当前状态的设备时间指数模型（见图4-8），并对模型指标进行阈值评价，实现缺陷概率预警。优化时间指数模型，分析不同类别数据在反映设备潜在缺陷时所表现的数据特征，实现潜在缺陷被发现，将缺陷扼杀在摇篮。另外，应用机器学习模型，不断自我学习，优化模型性能。

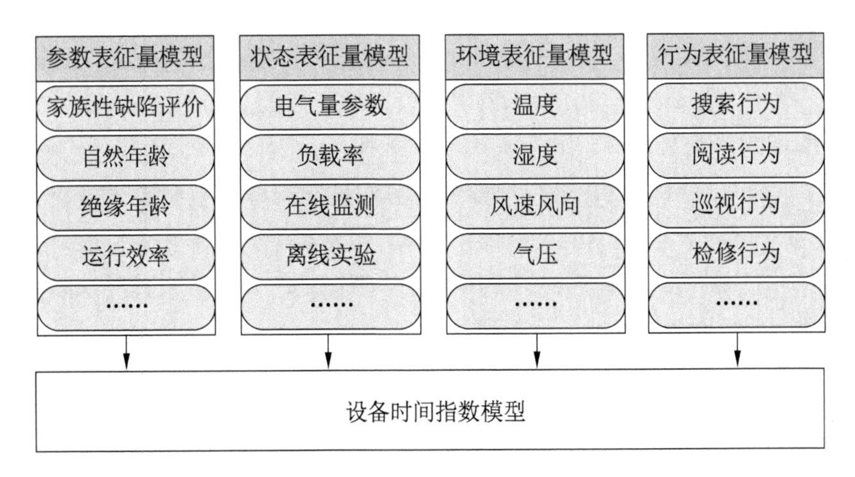

图4-8 设备时间指数模型

4.2.7.3 智能“医导”系统诊断流程

智能“医导”系统是智能运检管理的核心部分，是实现设备“零缺陷”管理目标的重要方法，以模块构建为手段搭建智能“医导”系统，为缺陷设备提供专业分类、诊断、审核、处理，实现所有运检专业的缺陷管理。

1. 建立实时“挂号”模块，触发“医导”全流程

设备实时“挂号”模块以设备时间指数为“挂号”依据，实时更新“挂号”设备集，是智能“医导”系统的最前沿模块。智能“医导”系统以待分类缺陷设备集为数据基础，赋予每台设备一个特有的电子健康码。电子健康码是设备获取连续“医疗服务”的记录码，也是动态掌握设备全寿命周期电子健康档案的管理码。设备所有信息资料长期保存在电子健康码中，形成完善、全面的健康档案。当运检智能“医导”系统通过大数据分析发现设备潜在缺陷或已经发生缺陷时，将触发“医导”全流程，系统根据设备属性、缺陷类别等逐一生成挂号码，并将其挂号码发至下一“分诊”模块。

2. 建立专业“分诊”模块，引导缺陷设备分类

缺陷设备挂号码提交至“分诊台”后，“分诊”模块将自动依据国网缺陷标准，

结合运行维护需要，对设备缺陷分类进行细化，采取“四类两线”的方式对待消缺设备进行分类管理。“四类”即根据需要将待消缺设备划分为四类，分别为严重单专业缺陷、严重协同作业缺陷、一般单专业缺陷、一般协同作业缺陷。“两线”即消缺最高、预警线最低，当电网处于峰谷运行时，选择最高预警线作为消缺控制线，当电网处于低谷运行时，选择最低预警线作为消缺控制线。智能“医导”系统根据消缺时间周期自动推预警信息，供运检人员参考决策。

综合分析设备类型、电网运行方式、人员安排、物资储备等，引导缺陷设备专业分类，并将缺陷发至下一“诊断”模块进行处理。专业“分诊”模块实现快速、精准定位缺陷风险的设备，集中力量完成设备缺陷的排查，可以极大地提高缺陷排查的速度，减小设备消缺给电网带来的风险，节约人力资源和时间成本。

3. 建立专家“诊断”模块，生成缺陷诊断报告

专家“诊断”模块将设备运行规程、预防性试验规程、检修规程等内容进行系统模块化，并利用“人”要素的设备主人画像，将专家经验数字化，形成“规程”+“专家经验”的诊断模式。通过机器学习算法等智能模块及运维人员对缺陷设备的现场诊断反馈，不断更新设备缺陷诊断库。

专家“诊断”模块自动识别分专业“诊台”推送审核信息，对待消缺设备集的设备进行在线自动诊断，包括缺陷部件、缺陷类别、缺陷内容、缺陷程度，形成设备缺陷诊断报告。经专业专家成员审核后形成最终待消缺数据库，然后根据设备缺陷类型 4 个等级按照优先顺序发送至相关消缺班组，每一类缺陷都设定消缺倒计时时标，严重缺陷 3 天、一般缺陷 15 天未消缺即进入告警状态，系统自动提醒相关专业负责人，缺陷处理情况关联绩效考核系统，形成缺陷处理倒逼机制，解决缺陷处理不及时的老问题。

4. 建立精准“医疗”模块，形成个性化治疗方案

同一时间段多台设备同时具有消缺需求时，考虑到检修资源有限，“医疗”模块对所有设备的设备时间指数进行排序，提取前 10% 的设备添加至优先医疗设备集。智能运检“医疗”模块是医导系统运检消缺的具体应用，该模块基于医导系统的强大的数据处理能力，通过“一表一单一脚本”等工作模式，优化缺陷处理各流程，着力破解当前运检消缺的痛点、难点。医导系统的“诊断”模块由以往纯人工安排消缺工作向由医导系统智能生成转变。

（1）提出消缺程序建议表

“医导”系统根据缺陷分类自动提出消缺程序建议表，为各类缺陷提出消缺程序建议，经过专家审核之后，作为正式作业的消缺程序表。消缺程序表主要针对多专业协同作业。规定现场各专业设备消缺的时间顺序、相互协作等内容，优化协同检修流程管理，解决消缺现场无序的工作状态，提高现场缺陷处理效率及配合度，践

行“应修必修，修必修好”的消缺理念，防止出现缺陷遗漏情况，缩短电网设备停电时间，提高电网可靠性。

（2）编制消缺物资配置清单

长期从事运维检修工作的人都知道，有时候制约缺陷不能及时处理的关键是没有消缺材料。知道故障怎么处理，手里却没有可替换的消缺材料，造成缺陷遗留或小缺陷发展成大故障。传统的材料购买模式由各专业自行消化处理，费时费力，效率低下且容易造成腐败浪费。“医导”系统根据缺陷情况、材料库存统筹规划，智能编制消缺物资配置建议清单，并及时推送至相关物资采购人员，作为物资管理单位联系供应商进行各种物资采购建议清单，消缺物资配置建议清单包括运行设备厂家、型号、产地、联系方式等内容，实现设备物资的及时采购和提前准备。材料到位后“医导”系统及时进行系统内公示，推送至相关专业。“医导”系统的消缺物资配置建议清单解决了由消缺发现人、处理人催相关专责临时采购设备材料，运维人员和物资管理人员信息不对称的问题，优化了消缺物资采购模式，方便消缺管理人员和运维人员及时掌握消缺材料情况，更准确、快速地处理缺陷。

（3）生成消缺策略脚本

消缺策略脚本是指导运检人员现场消缺作业的指导书，是模拟消缺作业整个工作流程的建议策略。按照设备细化分类，设备消缺作业包括单独消缺作业（不停电单专业消缺）和综合消缺作业（停电多专业协同消缺）。消缺策略脚本，可以解决综合停电计划时各专业信息孤立、不对称的问题，提高缺陷的处理效率，缩短停电时间的利用率。

① 单独消缺作业。根据缺陷的诊断结果，“医导”系统生成消缺策略脚本，经专家审核，形成正式的消缺策略脚本给相应专业的运维人员，运维人员按照脚本开展消缺作业。

② 综合消缺作业。结合定期停电检修计划、关联停电检修计划、项目改造停电计划、受累停电计划等，制定综合停电计划。然后从待消缺设备集中筛选出综合停电计划范围内存在的缺陷，推送提醒信息，生成消缺策略脚本至相关专业的运维人员，待专家审核之后，各专业的运维人员按照脚本开展消缺工作。

5. 建立高效“急诊”模块，打通无障碍绿色通道

电力可靠供应关系国计民生，当电力系统面临突发性重大缺陷及灾难时，供电企业处理的快慢、正确与否，能直接决定缺陷及灾难造成危害的程度。因此，在“医导”系统中建立了“急诊”模块，该模块通过整合气象信息、缺陷严重程度及设备故障预测分析功能，及时发布危急缺陷及灾难应急处理指南，快速调动各部门力量，在缺陷及灾难扩大前提前处理。

“医导”系统根据突发性重大缺陷及灾难的级别，分为部门级响应指南、多部门

级响应指南、企业级响应三级指南。系统自动生成响应指南，包括各负责人，涉及的专业部门、班组，物质调配安排，事件处置流程及管控等。通过“医导”系统响应指南的应用，让企业在突发性重大缺陷及灾难的萌芽期就有一个整体性的安排，提高企业处理突发事件的能力与效率，极大地减少突发性重大缺陷及灾难造成的危害。

4.2.7.4　多技术融合应用

1. 创新融合新技术的应用，打造立体巡检模式

巡检机器人、无人机、直升机等巡检新技术逐渐趋于成熟，根据其各自的特点，最优组合各种巡检方式，应用巡检机器人、无人机、直升机等智能化设备，构建全方位、全覆盖、多角度、多维度的线路、变电站的立体巡检模式，达到快速、高效的巡检效果。将巡检机器人、无人机、直升机等巡检数据及时传输至数据平台，实现数据的实时录入和智能分析。建立健全新技术巡检作业的管理流程和技术支持措施，不断升级巡检的标准和能力，不断提升巡检数据收集和智能化分析水平，提高发现缺陷的能力。

2. 应用智能化管控技术手段，实现缺陷实时分析

开发基于数据平台的管控平台，实现智能巡检机器人、无人机、直升机、人工巡检等现场信息和运检资源在管控平台的实时显示，实时分析巡检的数据，将“医导”诊断结果、运维策略等信息通过移动终端及时下发，为运检人员提供实时的参考信息，辅助巡视计划。通过管控平台，实现在线监测信息、设备缺陷、气象数据、检修计划、资源配置等信息的展示和分析，提升缺陷的实时发现和诊断分析水平。

3. 建立“新技术+医导”创新基地，提升“医导”精度

收集行业的信息，学习、应用前沿技术，开展专项技术和专项课题应用研究，满足不断升级的设备和智能化运检的需要。基于公司运检“零缺陷”管理体系的需要，整合内外部专家力量，集中骨干运维人员，打造“新技术+医导”创新基地，以提升“医导”系统的精确性和适应未来“医导”系统的发展为目的，以新技术应用、人才培养、系统优化为核心支撑，结合“线上线下”两种方式，传播“大云物移智”新技术的理论和应用，提升“医导”精确度和适应性，增强基于“医导”系统的智能化运检管理的适应性和可推广性。

4. 电力气象融合，实现气象致灾主动预警

气象条件进一步恶化，将引发非设备损坏类故障。秉着“提早预防、及早控制”的安全理念，依据相关研究成果，深入研究故障发展机理，建立更为准确的气象风险预警模型。气象部门发布气象预报，在线计算电网故障概率，评估系统气象风险，实现短期气象预报下的电网设备气象故障概率预警，并发布预警等级，为运行人员决策提供依据，提高电网防灾减灾能力。

4.2.7.5　智能“医导”系统保障措施

1. 完善智能运检标准，夯实运检管理基础

一是构建运检全过程标准体系，强化管理制度保障完善生产指挥流程及制度，确保指挥机制高效协同运行，使各级运检管理组织在责任范围内具备统一的生产指挥功能，包括信息集成、统计分析、指挥协调和技术支持等。二是智能运检数据资源管理制度，建立数据资源管理中心，负责对接气象环保部门和公司内部各个部门，收集所需的各类数据资源，保障数据的安全和完整，完善和明确数据资源使用、共享的管理办法。三是完善运检生产过程的技术标准、管理标准和工作标准体系框架。以设备、通道、运维、检修和生产管理智能化为重点，健全运检全过程各环节的管理要求，优化完善与智能化运检相匹配的设备状态评估、专业巡视、缺陷、变更、故障处置、应急抢修等工作流程，明确职责分工、工作机制和工作要求，确保业务按流程运行、职责按岗位落实、业务上下贯通、流程横向协同。四是基于医导系统的统计分析功能，建立相应的工作质量评估及绩效考核机制，促进提高各专业检修消缺技能水平，将“应修必修，修必修好”的理念贯穿整个缺陷闭环流程。

2. 优化资源配置机制，提高智能运检效率

将当前人员、生产车辆及装备等数据信息嵌入大数据平台，实现生产资料的实时采集、分析及展示。按照“属地资源为主、联动资源配合为辅”的处置原则，完善资源共享和集中调配机制，提高不同区域之间的资源整合调配能力，优化标准化设备、生产车辆、运检装备等资源配置。

优化人力资源配置，依托公司培训机构，加强智能运检技术技能培训和技术交流，推进运检人员思想观念的改变和技术技能的提升，提升单兵作战的能力。培养复合型运检人员，相似或相近的运检人员，采用培训、轮岗锻炼等方式扩展其专业能力，充分发挥运维人员的能力，提高运维、检修的效率。

3. 建立设备主人画像，形成各专业通用策略库

开展设备主人画像管理，对运维人员的基础数据、运维记录、巡视记录、设备维护数量、发现缺陷数量、消缺成果等信息数据进行统计分析，把优秀运维经验数字化。然后对数据价值进行提炼，对运维人员的各项能力进行量化，并根据各项能力绘制综合能力雷达图和设置专业标签。通过综合能力雷达图和标签形象直观地表达运维人员的特性，有利于挖掘出具有专业特长的运维人员，作为重点培养的对象及培训指导其他运维人员的领军力量。通过全员综合能力雷达图和专业标签，选择各专业和各方面突出的运维人员，并以他们的行为习惯和巡视流程作为参考标准，结合国网、省公司标准和要求，配置各专业针对性的运维、巡视策略，形成各专业通用策略库。通过通用策略库的使用，可以规范和支撑运维人员的巡检工作，提高缺陷发现的质量和数量。

4. 加强运检人员培养，提升运维人员水平

创新复合型技术人才培养机制，模仿大学教育将各专业学位化，对掌握多专业的复合人才，经公司认证，发放双专业或多专业能力证书，经公司聘任后可在绩效上给予奖励，激发大家的学习积极性，为公司培养一批懂业务、懂数据、懂技术的跨专业的复合型人才，为智能化运检储备人才。

根据综合能力雷达图，针对不同员工制定一系列能力素质提升方案，实施“岗位练兵、技术比武、强化素质”工程，开展生产技能岗位员工轮训，制定专项奖励措施鼓励员工参加技能人才培育工程和职工职业技能竞赛，提高技能等级，积极推进技师和高级技师优先聘任，尤其注重考核标准和竞赛内容贴近实际工作，为一线岗位培养一批技术优秀、技能精湛的人才，保障缺陷处理快速、高效、高质。

4.3 不停电作业精益管理

4.3.1 明确业务流程

按照“能带电，不停电”的原则，积极拓展架空线路三、四类和电缆不停电作业，严格审查配电线路检修计划，组织成立配电网计划管控组，所有配电网计划采取“筛沙子”的方式管理，即在不满足带电作业条件或环境的情况下方可采取停电实施，建立新发用户完全不停电送电模式，建立停电审核追溯制度，对于满足带电作业条件未采取的在指标上予以体现。第一，带电作业室进行施工方案、停电及不停电工作计划审核，然后接受工作任务，判断是否为复杂类不停电作业。若是复杂类不停电作业，就将工作放入任务池，再由综合不停电作业班组整理工作任务需求单，由带电作业室安排工作计划，由不停电作业班组或联合多个不停电作业班组实施作业；若不是复杂类不停电作业，就由不停电作业班组整理工作任务需求单，由带电作业室安排工作计划，由不停电作业班组实施；第二，技术组进行供电施工方案、停电及不停电工作计划审核，然后接收工作任务，判断是否为简单类不停电作业，可以进行就将工作放入任务池，再由不停电作业班整理工作任务需求单，并上报带电作业室安排工作计划，由不停电作业班组实施完成作业；若不是简单类不停电作业，则参照第一点执行。

4.3.2 以实现不停电作业为目标，优化配电网工程建设改造规范

以满足带电作业为出发点，规范配电线路典型设计和设备选型。从作业风险高或不满足带电作业条件等方面考虑，对配电线路典型设计和设备选型进行全面梳理和完善，设计、建设适应不停电作业规范的配电网，建立配电网不停电作业示范区，

如取消水平排列同杆（塔）并架的多回线路设计，对于支线、变台等小电流采用临时挂钩等连接，采用大相间距离横担或绝缘横担等，确保新建线路基本满足不停电作业检修维护要求。

4.3.3 依托配电网不停电作业培训基地，抓人员培训，促成果推广

完善不停电人员培训方案编制，分析各类人员专业类型和学习重点，开展差异化培训，对不同类型人员，培训的侧重点和培训手法均有不同，需结合实际，分别对待。对于管理人员，培训内容侧重配电网不停电作业现场组织、安全风险辨识、规程规范等，采用以观摩交流、讨论分析为主的培训方式。对于技术人员，重点开展电缆线路不停电作业培训和 10 kV 架空线路不停电作业第三、第四类项目培训。培训方式采用模拟演练、实地操练、技术竞赛等。

采用横向协同专业融合的队伍建设模式，按照时间顺序包括配电网全专业轮岗、简单类作业项目资质取证、绝缘杆作业法培训、绝缘手套作业法培训、复杂类作业项目资质取证、综合创新研发培训、管理类培训等；定期组织开展技能鉴定与技能比武等工作，每年举办一次不停电作业技术技能理论知识普考及调考。

依托现有的配电网不停电作业工作室，以不停电作业专业培训师为主、吸收市内专家及生产厂家，建立一支长效的成果转化推广应用团队，负责组织开展工器具创新研发及先进装备推广运用。不停电作业新工具、新方法在现场模拟进行效果验证后，形成规范的作业方式、流程，将研发成果应用到配电网不停电作业取证、复证等各种培训项目中，通过培训达到推广应用的目的。

4.4 停电计划精益管理

4.4.1 明确分工，建立“五个零时差”停电计划管控组织

运维检修部负责制订配电网停电计划“五个零时差”管理实施细则，负责指导、督促相关单位按要求开展配电网现场运维检修管理工作；负责对配电网运维检修管理工作进行检查和考核。负责市本级运检专业“五个零时差”偏差问题的归因分析及整改落实。

调控中心负责“五个零时差”实施过程中调控专业监督指导和考核；负责组织“五个零时差”管理的跨专业联合自评估，负责组织各专业开展偏差问题的归因分析及整改落实等；负责调控专业“五个零时差”偏差问题的归因分析及整改落实；负责“五个零时差”实施过程中调控专业安全风险管控；负责“五个零时差”实施工作的成效分析和评估。

供电所负责管辖范围内配电网停电计划“五个零时差”的执行，负责管辖范围内停电工作各个环节的管控，负责线路停复役操作、工作许可。合理编排“周停电计划”，按单个工程确定停电工作所需时间。组织停电查勘，细化危险点预控措施，明确停电方案。大型停电作业制停电配合方案，内容需包括接地线挂拆人员清单、“五个零时差”控制表。组织生产、营销各部门参加停电协调会议，审核停电配合方案及停电施工方案。根据工程量安排充足的停役、复役操作及工作许可人员，有序实施现场“停验挂”工作，确保按时完成工作许可。按工程确定现场工作协调人，随时了解施工进度，检查施工质量，及时与施工部门做好沟通。

施工单位应加强停电勘查，合理编制停电施工方案，在施工方案中明确工程施工时间、人员分工及质量要求，配合编制“五个零时差”控制表、接地线挂设人员清单。

加强工程进度管控，合理安排施工人员和施工装备，按时完成现场作业。明确施工现场管理人员，全过程管施工质量和控现场施工进度。加强施工储备力量建设，建立施工应急机制，根据现场施工进度及时调配后续施工力量。

物资供应公司加强物资质量管控，建立快速响应机制，对施工中发现的物质质量或技术问题及时反馈。

4.4.2 明确“五个零时差”关键时间节点管控要求

（1）停电时间以周计划平衡会确定的停电时间为准，调度发令（对外停电相关令）停电时间控制在预告停电时间5分钟内，不得早于对外预告停电时间；许可时间控制在现场运行操作结束汇报时间后10分钟内；调度审核停电计划时应合理安排同一时段多项工作的停电时间，避免多项工作停送电时间重叠；需进行开闭所或线路停电的操作，调度应在发令前完成。

（2）涉及变电所10 kV间隔操作的，设备由运行改热备用操作及汇报时间控制在10分钟以内；设备由运行改冷备用操作与汇报时间控制在20分钟以内；设备由运行改检修操作及汇报时间控制在40分钟以内。特殊柜体按实际情况合理控制操作时间，反之时间照此执行。涉及10 kV间隔重合闸投切的配合工作，操作人员应在接到调度通知后及时完成。

（3）线路或开闭所停役、复役时间控制。单条线路施工，运行班组负责挂设5付及以下接地线的，向施工队伍许可工作时间控制在30分钟以内。单条线路施工，运行班组负责挂设10付及以下接地线的，向施工队伍许可工作时间控制在1小时以内。大型作业涉及挂设接地线较多的，控制时间通过停电协调会明确。工作完成，复役拆除接地线及向调度汇报时间按上述执行。

（4）停电施工，施工队伍应提前到达施工现场做好施工准备，配合接地线挂设人员应在停役前就位。大型、复杂作业，施工部门工程管理人员应始终在现场协调、管控工程质量及进度。配电网运维部门验收人员应在现场监控施工质量，对发现的问题及时要求整改。

（5）涉及用户停电的工作，从许可工作至工作结束所需时间按典型施工时间控制，具体时间如下：单一的瓷瓶调换时间控制在 30 分钟之内，耐张杆悬瓶更换时间控制在 3 小时之内。单只跌落熔断器、线路闸刀更换时间控制在 30 分钟之内。直线电杆调换时间控制在 4 小时内。负荷开关及柱上断路器更换时间控制在 4 小时之内。线路下单台配变调换时间控制在 5 小时之内。单只电缆对接箱、电缆中间头制作时间控制在 5 小时之内（包括电缆试验）。电缆头搭接时间控制在 40 分钟之内，电缆头搭接及引线制作时间控制在 1.5 小时之内。配变常规检修（调挡、测绝缘电阻、加油、安装绝缘罩、接地环等）每台时间控制在 1 小时之内。1—8 挡导线、金具、跌落熔断器调换或单回路改双回路工作，时间控制在 5 小时之内；挡导线、金具、跌落熔断器调换或单回路改双回路工作，时间控制在 8 小时之内。特殊情况、特殊地段施工作业时间由配电网运维（委托运维）部门根据现场情况确定。

4.4.3　实行配电网“五个零时差”数据分析与量化考核

以“停电零时差”和“送电零时差”为关键管控目标，实行配电网“五个零时差”数据分析与量化考核。对下列情况进行查找分析原因并统计考核：一是实际停电起始时间超前通知停电开始时间，或滞后通知停电开始时间 30 分钟；二是实际操作时间超过参考操作时间 30% 以上；三是实际许可工作时间滞后于申请许可时间 30 分钟以上；四是实际工作结束时间滞后于计划工作结束时间；五是实际送电时间滞后于计划送电时间。

4.5　配电网故障抢修精益管理

4.5.1　建立“一站式”抢修基地

鉴于高低压分开管理模式的有抢修责任推诿的现象，对配电网抢修服务、故障修复时间有着不利影响，着力建设“一站式”抢修服务机制，以管辖范围内成立“一站式”抢修基地，优化抢修流程，合理配置抢修资源，提高故障抢修工作效率，力求实现“一个区域，一支抢修队伍，一站式解决所有故障”的抢修模式。“一站式”配电网抢修组织由配电网抢修指挥中心、抢修基地（第一梯队）、运行检修班组（第二梯队）、外协施工队伍（第三梯队）四部分组成。

发生故障时，配电网抢修指挥中心通过配电网抢修指挥平台快速获取故障实时信息，对故障做出准确的判断，在短时间内将故障信息告知抢修基地的值班人员，值班负责人依据故障信息统一派工，协同抢修，“一站式”完成抢修任务。简单故障由“一站式”抢修值班队伍负责；处理急、难、险、重和社会影响面较大的故障，根据故障的复杂程度启用第二梯队、第三梯队进行处理。

4.5.2 开展“三个电话”标准化抢修

提高抢修服务质量，不仅要缩短故障抢修时间，更要完善抢修时的优质服务。通过制定抢修服务标准化流程，公司明确在抢修服务标准流程中的沟通对象，以及各部门在抢修过程中的责任与要求，严格要求各抢修队伍在抢修服务中执行“三个电话”，切实为用户提供优质供电服务。要求定期宣贯、培训抢修标准化作业规范，加强抢修人员对标准化作业流程与要点的认识，包括规范着装，使用文明用语等。组织相关部门不定期模拟故障报修，检查各单位的抢修过程，通报检查结果，同时加大对抢修服务质量的考核力度。

4.5.3 利用“大数据”开展主动抢修

各配电网信息系统是故障抢修的数据基础，是“大数据”生产积累的源头，是生产全过程活动的展现。运营监测以日周月报的形式，及时、完整、准确地通报电网运行、公变终端、总保运行、低电压管控、电能质量、配电网抢修指挥工单等方面的数据情况，运检部以此作为监测、预警、管理配电网运行全过程的手段之一，充分利用“大数据”实时把控生产管理实施过程中的变化趋势和薄弱环节，监测运维管理末端的行为异动，提高运维管理方案制定的及时性、有效性和可操作性。对影响用户可靠持续安全用电的情况，运检部将提前介入，利用专业实时监测系统，积极主动开展配电网故障主动抢修。借助智能公用配变监测系统，通过配电网抢修指挥平台实时信息开展故障研判，从而开展故障主动处理和异常主动处理。借助营配调贯通成果实现停电分析到户，提高故障研判的实用性。

4.6 实施配电网设备主人责任制

4.6.1 完善管理制度

制定设备主人责任制管理实施细则，明确组织架构和职责分工，建立指标库和评价体系，将设备主人责任制的管理部门职责与义务和相应的考核内容纳入《生产运行管理考核细则》和《供电所全员绩效管理》。

制定《配电网设备运行管理承包责任书》，明确管理内容及工作责任。结合《供电所全员绩效管理》，明确工作质量评价和考核要求。

4.6.2　责任落实

设备主人是所辖设备运行、检修的直接责任人，负责所辖设备改造立项、投产验收、日常运维检修等全过程管理。运行单位按照“一条线路、一个台区”为单位配对相应设备主人，编制设备主人清单报运检部审核，并书面明确和公布设备主人。每年 1 月，各运行单位根据下发的设备主人配对清单，单位负责人与运行人员签订《配电网设备运行管理承包责任书》，将设备主人制的考评纳入员工岗位胜任度评价体系和供电所全员绩效管理，作为一项基本岗位工作业绩参与综合评价及绩效考核，直接与工资收入挂钩。

充分发挥企业、供电所和运检班组对设备主人工作质量的三级管控作用。每季度对设备主人的巡视到位率、消缺及时率、基础资料准确率等工作内容进行抽查，对抽查结构直接进行考核；供电所和班组以负责人、运检班班长、安全员为主的设备主人工作评价小组为主体，根据《配电网设备运行管理承包责任书》每月对各设备主人工作完成情况进行评价，并将其评价情况作为供电所全员绩效管理内容。

4.6.3　组织培训学习

认真组织运行人员学习宣贯设备主人责任制的管理和执行理念，提高全体运行人员对设备主人责任制实施的重要性和必要性的认识，从管理内涵的高度促进配电网设备规范化、精益管理，实现责任到人、管理到位的有效目标。通过学习，全体运行人员统一思想，提高认识，全员参与配电网设备主人责任制管理实施的探索。

与传统运维手段相比，配电网设备主人责任制的实施实现了设备验收、设备运维、设备检修全过程的一体化管理，将配电设备的运维工作和质量责任以设备主人的形式进行了关口前移和责任固化，充分发挥了一线生产人员的积极性，增强了执行力，切实提高了班组管理水平和设备健康状态。

第 5 章

增量配电网多维精益化调度管理

为了促进配电网建设发展，提高配电网运营效率，按照“管住中间，放开两头”的体制结构，结合输配电价改革和电力市场建设，国家有序放开配电网业务，鼓励社会资本投资、建设、运营增量配电网，通过竞争创新，为用户提供安全、方便、快捷的供电服务。如此一来，配电网的多维精益化调度管理不仅仅局限于现有国家电网有限公司管辖范围下的配电网，更包含开放、多元的增量配电网。增量配电网的多维精益化调度管理无疑是更加复杂的。

伴随着社会对于电力的需求不断增加，增量配电网开始蓬勃发展，做好增量配电网的调度工作，对配电资源进行合理分配，直接影响着电力系统的稳定运行，是增量配电网管理过程中非常重要的一环。电力调度工作主要负责电力系统的正常运行和事故处理，而调度精益化管理工作则直接关系到电网的安全、优质、经济运行，需要电力工作人员的充分重视。

由于增量配电网还处于发展阶段，其管理模式与传统配电网有很多相似之处，故可以从传统配电网中找到增量配电网的管理方法。目前供电公司配电网存在着调度组织管理模式、工作职责、调管范围、业务流程等形式繁多、未能统一和规范等问题。配电网调度与客户服务、急修运维的协调方面普遍尚未形成规范统一、运作高效的故障快速复电机制，影响了供电可靠性；对于用电负荷预测、电网经济运行、电压无功管理等业务方面技能水平较低、管理缺失，有待进一步加强。各县（市）区公司管辖的配电网调度及运行长期缺乏有效的专业管理，管理水平不高；配电网调度人员和运行人员业务水平参差不齐、普遍偏低，配电网运行方式和二次专业精细化管理不足，给安全生产、特别是电气操作带来较大的隐患。

本章将从增量配电网的调度运行管理方面进行精益化管理模式的分析，旨在通过强化配电网调度运行基础建设，达到规范增量配电网调度运行组织管理模式、规划增量配电网调度运行、实现精益化管理的先进模式、进而全面提升增量配电网调度运行的专业化、规范化管理水平的目的。

5.1　增量配电网调度日常工作精益化管理

5.1.1　运行监测管理

在配电网运行过程中，如果对设备的信息采集量不够，就会导致在对配电网实施调度时比较盲目，当配电网出现故障时，就必须要花比较长的时间才能查找到设备故障点，从而给配电网的运行带来不利影响。为了更好地解决这种现象，必须加强在配电网抢修方面的精益化管理工作。

5.1.1.1　DMS + SCADA 联合监测

通过 DMS 配电自动化系统和调度 SCADA 自动化系统来对配电网设备和变电站 10 kV 开关的遥测、遥感信号进行监测。

此外，增量配电网项目同样需要将各自电气一次接线图、继电保护信息、自动化信息等上传至电网的 DMS 系统和 SCADA 系统，以便调控人员可以实时监测电网运行状态，及时发现、准确定位电网运行的异常现象，迅速处理故障，防止故障范围的扩大。

5.1.1.2　加装故障指示装置辅助监测

将故障指示装置合理加装到配电线路上，当线路出现故障时就会自动发送短信，当监控中心收到相关信息后再将其同步到响应的 GIS 系统中去。同时，当配电网进行计划检修停电时，也可以通过该系统如实反映停电范围。

对于增量配电网项目，业主可自主选择是否在所辖配电线路上加装故障指示装置。如若加装了故障指示装置，其获取的数据一方面传输给业主，业主自行监测，另一方面上传至主网，由配电网调控中心进行监控和统一调度。

在这种情况下，如果配电网出现故障而导致停电，配电网调度员就可以通过系统反映的信息，为故障点查找工作提供必要的帮助，从而避免配电网故障抢修时的盲目调度。

5.1.2　日常工作管理

5.1.2.1　做好“三抓”工作

在日常调度工作中，应该做好“三抓”工作：

（1）抓作风：一是树立调控中心无小事的理念，无论什么事，都要当成大事、重要事去做；二是抓执行力，安排的事情必须在规定的时间内完成，若无特殊事情，自己挤时间来完成；三是抓组织纪律。

（2）抓现场：一是每天坚持开晨会，督办前一天安排的事情落实情况，安排布

置当天的工作；二是坚持早课，提前10分钟上班了解电网运行方式，必读运行日志；三是了解电网运行是否存在问题，是否有需要协调及督办的事情；四是主任、班长汇报前一天工作情况，努力把月工作分解到周、周工作分解到天的工作落实好；五是确保班前班后会取得实效，要认真落实好班前班后会。

（3）抓流程：修订完善相关安全规定和制度，保证安全生产流程畅通，真抓实干，务求严细实的作风，落实责任，采取科学管理手段，提升管理效率。要敢于抹开情面，把问题说清楚，严格考核，不留情面的处罚有助于养成良好的行为。一是对不按流程进行交接班、调度操作记录不认真审核等，必须严格考核。二是对执行不力、管理不畅导致的工作延误和信息失真严格考核。三是认真对待事故和违章。时刻用“照镜子”来规范自己的行为，即防范事故和违章要用“反光镜”来照，举一反三；分析事故和违章要用“显微镜”来照，细致入微；处理事故和违章要用“平面镜”来照，实事求是；对待事故和违章要用“放大镜”来照，小题大做。

5.1.2.2 做好调度日志记录工作

调度工作细致严谨，需要将工作中涉及的相关事件依次记录下来，以便日后调取查看；尤其在电网发生故障时，调度日志可以帮助调度员查找分析事故原因，是调度运行日常工作的重点。

5.1.2.3 开展“四项”活动

一是坚持开展反事故演习，提高调度员驾驭指挥电网的能力及处理电网事故的应变能力；二是坚持员工轮流授课；三是组织调度员到变电所、发电站、大用户、部分手拉手线路现场调研，了解电网的实际运行和接线情况，增强对现场设备和实际接线的感性认识；四是坚持开展“四个一”，班组坚持每周一次安全活动、每周一题技术问答、每月一次安全生产例会、每月一次事故预想。坚持每天开晨会、每天检查，并在周安全活动时，把上周及当月存在的问题进行讨论，制订措施，把各种安全隐患消除在萌芽状态。

5.1.2.4 强化事故处理

1. 故障分析

通过SCADA系统发现故障时，要及时询问现场电流、电压、开关保护动作，开关位置等情况；变电运行人员汇报故障时要仔细询问电流、电压、开关保护动作，开关位置等情况并查对SCADA系统；其他人员报故障时要询问故障发生的地点、时间、继电保护动作情况等，然后询问相关运行情况，查对SCADA系统。

2. 故障处理

对一般缺陷，不影响电网运行时，要及时通知相关部门，并做好记录，根据安排进行计划检修；对于重大缺陷或设备已跳闸时首先隔离故障，防止事故扩大；变电设备发生故障时通过改变变压器运行方式、改变电网运行方式等手段尽量保证停电范围最小。拟票、下票、下令操作停电，做好安全措施；接到事故申请票、工作票或事故抢修单后核对工作范围、安全措施完备后下令检修。

3. 故障恢复

下达开工令后要及时拟定送电票并下票；事故处理报完工时应询问故障是否已处理，是否具备送电条件，现场安全措施是否已撤除，抢修人员是否已撤离；对于不能投入运行而需要报完工的，应做好记录。及时汇报领导，并通知相关单位派人处理。

5.1.3　运行图纸精益化管理

增量配电网项目调控中心的调度员、负责运维的运维人员和施工单位施工人员等在工作中均需要使用到增量配电网的运行图纸，这是利用计算机技术将增量配电网络的分布、属性及实时信息按其实际地理位置描述在地理背景图上，形成集查询统计、运行维护、分析管理等功能于一体的一种应用软件，同时可打印为实体版图纸。当配电网发生一次、二次设备新增、退运、运行方式变更或属性改变时，均需要更新并发布配电网运行图纸，常见的变动如下：

（1）变电站新增配电线路。

（2）造成配电网网络结构发生改变的扩建和改造。

（3）涉及配电线路长度在200 m及以上的扩建和改造。

（4）配电线路的截面、线路架设（敷设）方式发生变动。

（5）配电网线路同（杆）塔架设情况变更。

（6）新增、取消配电房、开关房（含箱式电房、电缆分支箱、台变）。

（7）新增、取消变压器、配电开关柜、配电计量装置（含独立式CT、PT及组合式计量装置）、电容器及其配套设施、电抗器、柱上开关（含分段器、重合器）。

（8）新增单机容量100 kW及以上或合计容量100 kW以上的客户并网发电机。

（9）新增高压电动机。

（10）新型包含配电网故障指示器、自动化开关等配电网设备挂网运行。

（11）因故障、事故处理、临时转供电等引起配电线路及设备运行参数、结线方式、地理位置、运行状态等数据变更且变更后的状态需持续48 h以上。

增量配电网运行图纸发布流程如图5-1所示。

增量配电网的绘图人员完成图纸绘制，送配电部审核后，提交至配电网调度班发布。同时调控中心要妥善管理运行图纸，一部分将历史图纸进行存档，另一部分将最新版图纸覆盖历史图纸，仅保存最新版的图纸，方便调用查看。

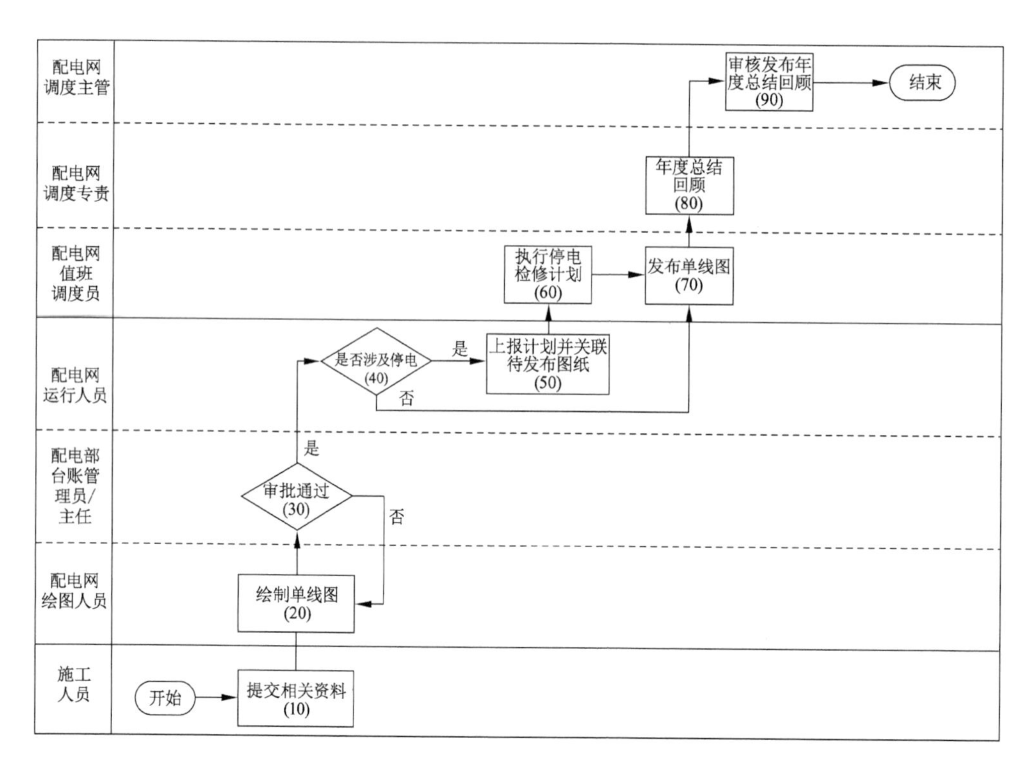

图 5-1　增量配电网运行图纸发布流程

精细的图纸资料管理，可确保图纸资料的完整、准确和及时，便于调度部门、运维部门和施工单位随时随地获取正确的最新的增量配电网运行图纸，直观查看增量配电网接线和设备拓扑，这是确保增量配电网调度运行业务有序开展的基础支撑。

5.2　增量配电网综合停电精益化管理

综合停电包括计划停电、故障停电、错峰停电、欠费停复电 4 种典型停电事件。不论什么类型的停电事件，都需要各个部门各个系统协调完成，需要梳理出各级业务单位在停电事件发生过程中与停电客户服务中心的信息交互现状和机制，以进行精益化管理。

5.2.1　综合停电中的典型事件

5.2.1.1　计划停电

计划停电主要包括月度停电计划、周停电计划。增量配电网调控中心需要掌握停电检修计划的批准停、复电时间和实际停、复电时间等关键信息，这些信息均承载于周停电计划中，因此如何在生产业务流程中把相应的信息共享给客户服务中心是关键问题。

5.2.1.2 故障停电

故障停电主要包括主网故障停电引起的增量配电网设备停电、10 kV 增量配电网故障停电及0.4 kV 低压故障停电。客户服务中心要获取故障设备、故障原因、抢修人员到达现场时间、预计复电时间等故障停电的关键信息，而且要建立现场抢修与客户服务中心之间的信息及流程互动机制。优化后的流程增加了实时反馈抢修信息流程。故障现场抢修人员可以将故障现场的停电关键信息反馈给客户服务人员，并与客户服务中心进行流程上的互动。经过流程优化，客户服务中心能实时了解故障现场的抢修情况，并将故障停电信息通过短信发送给相关用户。

5.2.1.3 错峰停电

错峰停电是由供电公司调控中心根据负荷指标，按照各配电网、增量配电网上报的错峰线路表，视实际负荷情况对线路进行拉闸限电，控制负荷。增量配电网的错峰停电一般是根据上级调控中心的调度指令进行负荷控制。错峰停电管理的核心问题是，如何将错峰线路、停（送）电时间、错峰影响的客户范围等错峰停电的关键信息及时准确地传递给客户服务中心。

5.2.1.4 欠费停复电

欠费停复电是各供电分局内勤班根据用户缴清欠费情况，在规定时间内协调工作人员对用户进行停、复电操作。抄表班、抢修班人员可以将欠费停电关键信息知会客户服务人员，并与客户服务中心进行流程上的互动，客户服务中心能实时了解欠费停复电的关键信息，包括实际停电时间、要求复电时间、实际送电时间等。

5.2.2 综合停电管理流程

综合停电管理流程大致如下：通过信息集成，将各个业务中关于停电管理的信息进行综合展示，同时按照停电的业务类型进行归类整合，把停电所涉及的信息，包括时间、影响范围等作为基础资料统一送到综合停电信息平台上，供客户服务中心的客服人员使用和检索。

对现有信息系统做相应的信息集成工作，把客户服务中心所关心的信息集成到综合停电信息平台上。这里主要涉及3个应用系统：配电网生产系统（管理计划停电的信息）；快速复电系统（管理故障停电及错峰停电的信息）；营销系统（管理欠费复电的信息）。信息需求及流向如图5-2所示。

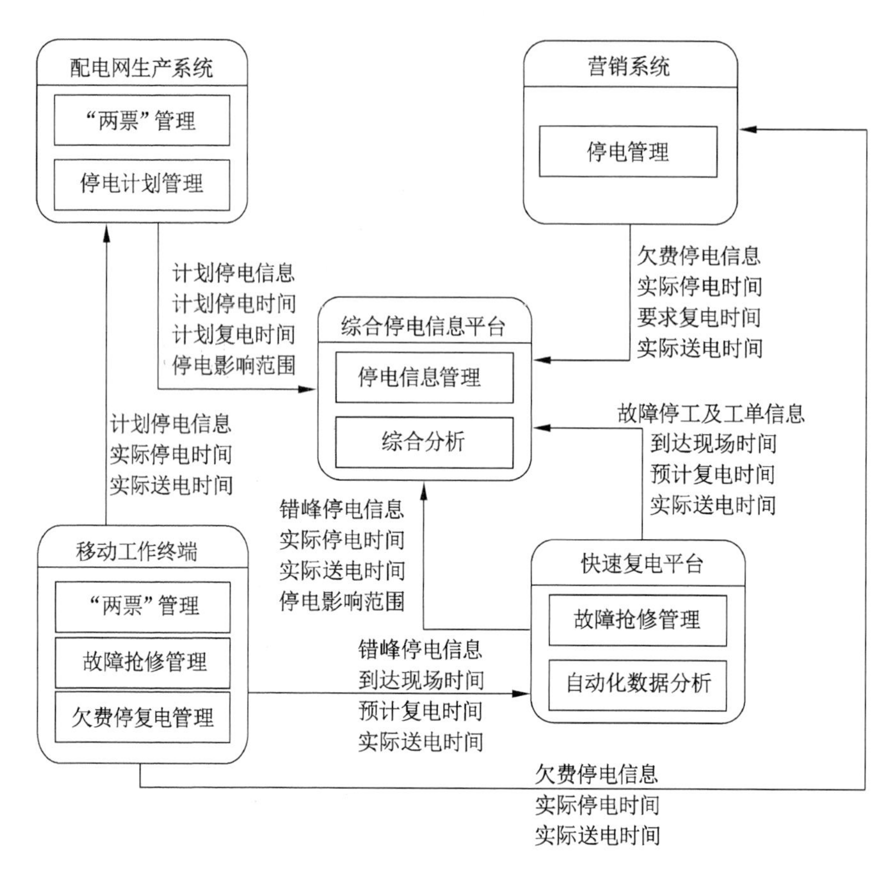

图 5-2 综合停电信息平台管理流程

5.3 增量配电网计划停电精益化管理

计划停电是电网运行过程中必不可少的部分，计划停电主要是为设备的定期维护、处理设备缺陷、大型技改和新设备投产等工作做前期准备，对电网的安全、稳定运行至关重要。

增量配电网调控中心对于计划停电事件的管理主要通过月度停电计划和周停电计划来执行。检修计划由运维检修部门制订，上交至调控中心进行审批，审批通过后，增量配电网调度员根据检修工作是否需要停电决定是否拟写调度指令票。达到检修工作条件后，运维检修部门开具工作票，工作终结后，停电设备还需向调度申请送电。计划停电工作管理流程如图 5-3 所示。

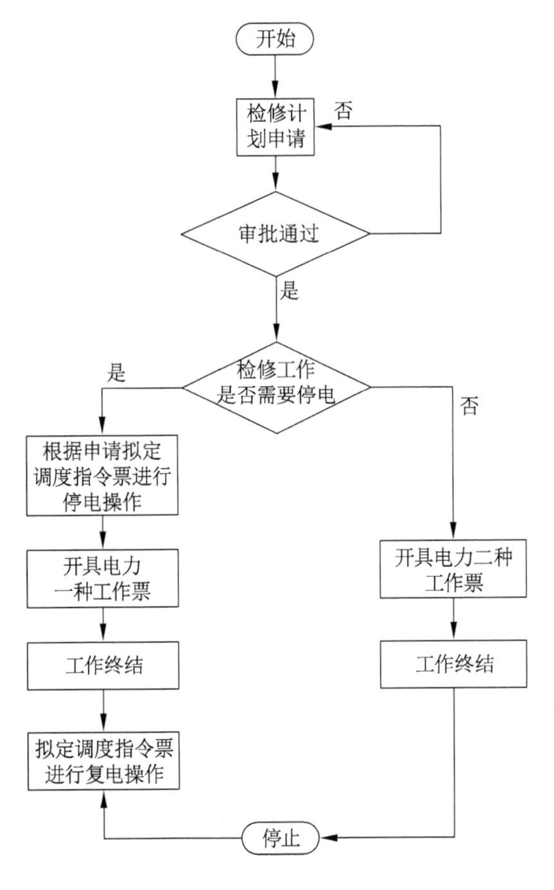

图 5-3　计划停电工作管理流程

应支持上传停、送电操作申请单和停、送电操作图纸，便于调度审批检修申请单时，可快速调阅相关线路的单线图。若该检修申请单涉及设备并网启动，还支持上传启动方案，便于将启动方案与所涉及的检修申请单进行关联，提高查找效率。同时，检修申请单中具备记录历史流程信息，便于查看运维检修申请、增量配电网调控中心审核和运行方式部门审批各个流程节点的操作人、操作时间和完成时间等信息。

5.4　增量配电网故障停电管理

配电线路是电力输送的终端，是电力系统的重要组成部分，增量配电网的建设也不能缺少配电线路。配电线路点多线长面广、走径复杂、设备质量参差不齐、运行环境较为复杂、受气候或地理的环境影响较大，并且直接面对用户端、供用电情

况复杂，这些都直接或间接影响着配电线路的安全运行。配电线路设备故障率居高不下，故障原因远比输电线路复杂。

5.4.1 常见故障类型

5.4.1.1 人为因素造成的故障

（1）驾驶员违章驾驶引起的车辆撞到电杆，造成倒杆、断杆等事故发生。

（2）基建或市政施工对配电网造成破坏：一是基面开挖伤及地下敷设电缆，二是施工机械、物料超高超长，碰触带电部位或破坏杆塔。

（3）部分违章建筑物直接威胁线路的安全运行。

（4）导线悬挂异物类："庆典礼炮"和彩带、风筝、漂浮塑料。

（5）动物危害：鼠、猫、蛇等动物爬到配电变压器上造成相间短路。

（6）盗窃引发的倒杆、倒塔等重大恶性事故。

5.4.1.2 自然灾害造成的故障

自然灾害造成的故障通常是指雷击事故。因为架空配电线路的路径较长，沿途地形较空旷，附近少有高大建筑物，所以在每年的雷季中常遭雷击，由此产生的事故是配电架空线路最常见的。其现象有绝缘子击穿或爆裂、断线、避雷器爆裂、配变烧毁等。

5.4.1.3 树木造成的故障

刮风下雨极易造成导线对树木放电或树枝断落后搭在线上，风雨较大时甚至会整棵树倒在线路上，压迫或压断导线，引发线路事故。

5.4.1.4 配电设备造成的故障

（1）配电变压器故障：由于配电变压器本身故障或操作不当引起弧光短路。

（2）绝缘子破裂，导致接地或绝缘子脏污，从而闪络、放电、绝缘电阻降低，跳线烧断搭到铁担上。

（3）避雷器、跌落保险、柱上开关质量较低或运行时间较长，未能定期进行校验或更换，击穿后形成线路停电事故。

（4）原有的户外柱上油开关是落后的旧设备，易出故障。

（5）管理方面的因素。

5.4.2 故障机理分析

配电线路的一般情况是线径长，分支多，线路未改造，设备老化严重，因线路走廊的清障工作不彻底，违章建筑、树害、山田建设造成导线对地距离不够，低值、零值绝缘子较多，避雷器坏的也较多，导线松弛、弧垂过大，导线混线……这些都有可能引起线路故障，因此故障率居高不下。

（1）导线断线故障：易断铝绞线；导线与绝缘子的绑扎处、引流绑扎处扎绒脱落；交跨距离不够。

（2）配电变台故障：跌落烧毁、配变烧毁、引流断股等。

（3）变压器避雷器损坏。

（4）相间短路故障：线路挡距过大，导线弧垂过大，大风时易混线，造成相间短路故障。

（5）低值、零值绝缘子造成故障。

（6）保护定值不准引起故障。

（7）电缆头爆炸引起故障。

（8）私自操作设备引发故障；村民私自操作台变跌落熔丝具；或在跌落熔丝具触头上私自缠绕铁丝代替熔丝。

（9）各类交跨距离不够引起线路故障：因配电线路面向用户端，线路通道远比输电网复杂，交跨各类高压线路、弱电线路、道路、建筑物、构筑物、堆积物等较多，极易引发线路故障的。

（10）偷盗线路设备，盗割导线等造成线路停运。

（11）车辆撞断电杆引起线路停运。

（12）树障：树障是引起线路跳闸的一个重要原因，尤其在大风大雨天。

（13）窃电造成短路跳闸：有的线路用户窃电较严重，而用户窃电一般是用裸金属线直接搭接在运行的裸导线上，有可能造成相间短路故障跳闸。

（14）其他原因不明的故障。

5.4.3　故障处置原则

增量配电网事故异常处置有三大基础原则：

（1）配电网事故异常处置坚持“安全第一”的原则，严格执行安全工作规程，有针对性地落实组织措施、技术措施和安全措施，保证快速复电工作中的人身安全和设备安全。

（2）配电网事故异常处置遵循“先复电、后修复”的原则，从故障受理、故障诊断、故障定位、故障隔离（含恢复非故障区段供电）、故障修复、恢复送电6个环节开展工作，全面提升快速复电能力，为客户提供安全、稳定、可靠、优质的电力保障。

（3）配电网事故异常处置坚持“先主后次”的原则。当多处故障需要在短期内进行处理时，宜先处理重要用户、后处理一般用户，先高电压等级、后低电压等级，先负荷密集区域、后负荷分散区域。

5.4.4 事故异常处置流程

增量配电网设备发生故障时，通过计算机技术实现跳闸事故处理过程可视化、智能化，在调度的过程中不仅便于调度人员查看，还可以根据实际情况给予调度人员一定的提示，同时自动生成事故处理记录，进一步保障了配电网调度工作的安全性、可靠性。具体业务流程包括：

（1）监视：增量配电网调度员通过监视系统，发现电网事故，判断线路是否重合成功、是否具备强送条件和是否具备遥控功能。

（2）记录通知：在业务系统完成故障日志记录，并通知相关单位，包括客户服务中心、变电管理所。

（3）巡查线路：增量配电网运维人员接到事故通知后，开展巡线工作。

（4）试送：完成巡线工作，发现故障点并隔离故障后，进行线路试送电。

（5）抢修：现场抢修人员对故障进行抢修消缺。

（6）送电：完成抢修消缺后，对原故障区域进行送电。

调度员通过监控系统发现电网故障，在调度运行管理系统完成基础信息录入并通知相关单位。

5.4.5 电网故障抢修管理方法

5.4.5.1 建立“责权统一”的增量配电网调控抢修指挥中心

以效率和服务为导向，整合增量配电网抢修指挥与配电网调控运行资源，建立增量配电网调控抢修指挥中心，实施增量配电网调控抢修指挥“一体化”，全面负责配电网调控、故障抢修业务。增量配电网抢修指挥人员与调度运行人员合署办公，减少抢修指挥体系中间环节，缩短增量配电网故障信息交互距离，第一时间掌握故障点和故障范围，快速实施故障区间隔离和非故障区恢复送电，提高增量配电网抢修效率。

5.4.5.2 构建“一专多能”的增量配电网抢修指挥队伍

建立增量配电网调控抢修指挥业务培训机制，规范专业培训管理。依托班组大讲堂、专项实训、劳动竞赛等形式，促进增量配电网抢修指挥人员由简单接派单向开展故障研判、抢修指挥角色转变，实现增量配电网抢修指挥业务转型升级；建立配电网调控人员“以客户为中心”的调控服务理念，增量配电网调控与抢修指挥互通有无，全面掌握业务技能，全方位提升增量配电网调控抢修指挥效率。

5.4.5.3 健全抢修指挥“一体化”运作保障体系

确定增量配电网调控抢修指挥“一体化”的具体运行模式，完善有关管理制度、工作标准、业务流程，确保各项优势充分发挥。建立健全《增量配电网调控抢修一体化管理规定》《增量配电网设备异动管理办法》《增量配电网调控抢修管理规定》等管理制度及各岗位工作标准。同步制定《调控抢修业绩考核责任书》，实现考核具体化、细则化，并每月定期对各抢修队伍抢修质量进行月度评价、考核，确保增量配电网调控和抢修指挥各项业务顺利有序地开展。

5.4.5.4　扎实推进增量配电网主动抢修模式

开展故障抢修工单回单策略研究，收集疑难工单处理案例，形成案例集，供各单位参考。开展配抢指挥主动抢修应用培训，积极利用信息系统数据资源，在配抢手持移动终端上实时推送线路重过载等各类增量配电网异常告警信息，指挥各抢修单位加强配电网设备的巡视维护，提前发现增量配电网故障信息，开展主动抢修探索，提升服务质量。加大增量配电网抢修指挥平台开发深度，自动整合各类数据资源，自动推出抢修工单，用技术手段保证主动抢修工作深入开展。

5.4.5.5　“全过程”跟踪故障抢修工单

对故障报修工单实施工单提醒、协调指挥、监督落实、质量检查“四到位”监督，对接单派工、到达现场等环节实施“节点式”协调，构建合理的增量配电网抢修指挥体系；借助增量配电网抢修指挥数据集约管控平台，从综合成效、工单流程环节效率、岗位人员绩效、协同性等方面进行分析、评价，实现对故障抢修工单全过程跟踪管控，及时发现部门间协同配合的薄弱点，进一步挖掘人员潜力，不断提高增量配电网抢修质量和效率。

第 6 章

增量配电网多维精益化营销管理

电力消费量依赖于国民经济的增长，电力的供应量也能够促进国民经济的发展，电力企业已经意识到营销管理工作的重要性。但现阶段，电力企业缺少对于用户的研究，自身内部没有完整的售前、售中和售后服务体系，使得有用电需求的用户受到多种制约，抑制了电力市场的良性发展。因此，营销管理工作的提升势在必行。

6.1 计量采集精益化管理

电能计量自动化采集终端是电能计量系统的一个特别重要的组成部分，在电能量计费系统中起关键作用。电能计量采集终端工作于系统计量主站与电能表之间，主要由电能量数据采集、存储、处理、保存、传输等功能的设备共同构成。电能计量系统主站和终端设备共同构成电能量计费系统，主要工作是进行远方原始电量数据、负荷数据的采集和上传。

6.1.1 计量资产全寿命周期管理

电网企业隶属于资产密集型企业，其中的计量资产有电能表，电压、电流互感器，采集终端，计量箱，计量标准装置等。传统开展的计量资产管理工作一般是偏重于对物资实物管理的状态跟踪及统计，并对购置成本和设备的实际性能进行关注，但随着信息化时代的发展，计算机系统对于资产的实时管理必须做到与实物信息、数量、状态一致，这就造成计量资产管理水平的评估工作难度增大。

6.1.1.1 电能计量资产管理工作的范围

资产就是围绕计量资产全寿命周期开展工作，从最开始采购计划需求到最后报废返厂，是一个连续的、完整的流程。根据各乡镇供电所、城区供电所上报的需求计划，制订采购计划，实际到货后安排检定，检定合格的进行配送，不合格的返厂。最重要的是做到实物资产和计算机系统中的虚拟资产对应，并对其状态开展实时跟踪。等到规定轮换周期，再把超周期的表计拆回，换上新的表计，保证电能计量的准确性。拆回的表计再按标准分类，不满足检定标准的直接集中报废返厂，满足标准的进行再次检定，检定完成后将合格的与不合格的分开处理。计量器具分为基建、业扩、集抄、故障、轮换几大项目，不同的项目用于不同的工程。

6.1.1.2　电能计量资产全寿命周期管理中存在的问题

为寻找全方位支撑计量资产管理水平提升及实现相关管理目标的切入点，从以下几方面入手，对计量资产管理工作中存在的问题进行有效分析。

1. 资产管理策略

管理策略是计量资产管理工作开展的纲要，也是企业从战略角度出发对计量资产管理工作策略所进行的较明晰的界定，即对计量资产管理的管理对象、管理目标、管理手段、管理模式等纲领性要点进行明确。计量资产在实际工作开展过程中都将得到各级单位的高度重视，但随着业务发展的速度加快，传统的资产管理办法用于其中逐渐也暴露出一些问题，如计量器具、计量装置等资产的管理对象不够统一，且业务语言在实际开展过程中存在差异。计量资产管理工作作为市场营销工作的一部分，多为营销工作提供相应支持，但也不具备相应的管理目标。管理策略上还未对资产管理的反馈机制及考核要求进行重视，计量资产闭环管理模式还未完全形成。由于其中缺乏总体的目标，计量资产在管理手段上主要以应付具体问题为主，因而还需要进一步进行规范化及体系化建设。

2. 管理的业务流程

计量资产全寿命周期管理工作的评价标准主要涉及以下几个方面：计量业务数据管理、计划管理、运行管理、库房管理、拆旧管理等，各项流程的有机融合组成了电能计量资产的日常工作。在对具体业务流程进行结合的基础上对计量资产各个阶段的管理状况进行分析，可以发现各计量业务环节之间是相互衔接的，其中主要存在以下问题：首先，在全寿命周期管理成本上，还存在以计量资产为主的采购价格进行成本分析的阶段，还未形成系统化的周期成本分析意识。其次，就计划及采购方面来说，在其中制订的计划较为粗放，还未形成完善系统的供应商评价体系，即基于招投标结果的分配模式也有待完善。最后，就库存、检定及运行管理等方面来说，检定、仓储及配送的集约化程度有待提高，库存及配送、安装机制还不够完善，计量器具的装置运行质量及检定质量都有待加强。就拆回及报废管理来说，计量资产未能及时安装，导致库存积压及计量资产在报废鉴定上管理不够规范。

3. 计量技术水平

计量技术水平主要包括计量资产管理工作中的计量人员对于资产管理业务的实际掌握程度，以及电能表、采集终端和互感器等计量资产应用先进技术的实际程度，技术水平较高将为计量资产管理目标实现提供充足的技术保障。现今，在人力资源和物力资源方面均存在一些问题：

（1）人员技术上，很多计量工作人员的学历水平有待提高，业务的专业化水平也有待加强。若计量人员的技术水平较低，则很难对业务工作原理进行充分理解，也很难提高工作水平。

（2）就计量资产技术来说，虽然一些单位在计量器具、计量装置、计量业务手段上采用较高技术水平，但就整个企业来说，资产技术还有完善的空间。

6.1.1.3　关于计量资产管理的总体意见

1. 计量资产管理的总体目标

在开展工作的时候，借鉴资产全寿命周期的管理理念，将其与计量资产的管理目标、营销业务管理目标及企业的整体目标进行统一，并考虑电网企业在工作过程中所需要承担的社会责任，合理设置计量资产管理的总体目标。开展的计量资产管理工作应该对准确、效率及成本之间的关系进行充分协调统筹，在对计量工作准确性进行保证的同时，对计量资产管理效率进行提升，并优化管理工作所花费的成本。

该项目标是一项由可靠准确、效率及成本三要素组成的综合性目标。其中，可靠准确通过进行严格的量值传递及计量器具的相应检定工作，这使得计量工作的公平性、准确性及可靠性得以保证，也是电网企业所需要承担的社会责任所在。效率是对计量资产全寿命周期各环节工作的效率进行提升，以高效的运行效率来对供电服务水平的要求进行满足。成本是对计量资产全寿命周期各环节成本进行完善，使得企业的经营效益得到显著提高。准确可靠、效率及成本三要素之间需要做到统筹协调，通过总体管理目标实现三方面最优化。

2. 管理建议的统一实施方式

管理建议应该按照之前提出的计量资产管理模型框架进行相关工作，但是对各部分改进建议进行针对性优化，使其与各种不同的管理阶层进行适配。其中，企业提出的管理策略改进建议应该对策略进行细化，由地方部门对执行结果进行负责，且企业应该对业务流程、技术水平、绩效指标、信息系统的改进方案进行统一，依据相应方案对执行结果开展相关工作。

3. 计量资产管理策略的改进

对计量资产管理的工作对象进行明晰，进而实现计量资产全寿命周期管理工作。还需要对计量资产的管理策略进行改进，建议从确定管理规范、明晰管理目标及形成全封闭管理模式等方面开展相关工作。首先，对电能计量资产管理工作的对象范围进行明晰，确立以电能表，电压、电流互感器，采集终端，封印，计量标准设备等在内的电能计量资产管理工作。其次，确定计量资产管理的总体目标，对准确可靠、效率及成本之间的关系进行统筹协调，在保证计量工作准确可靠性的同时，提升计量资产管理效率，从而使得管理成本得到优化。再次，形成计量资产管理的全过程管理方式，并对其实施计量业务流程的优化工作，建立从计划到检定再到运行、退役的全过程闭环管理，在其中构建闭环反馈机制，使得其对计量资产的全寿命周期监控及管理水平得到显著提高。最后，建立多样及有效的管理手段，通过全面的评估考核工作，提升关键业务的薄弱点，并通过先进统一的信息系统对各项管理措施进行落实，实现计量资产管理工作的最优化。

6.1.2　电能计量采集运维与故障检测

6.1.2.1　电力系统中电能计量的采集方法

在电力系统中，用户电能计量的采集主要是根据安装在网络交换处和发电机的交口的计量装置进行的，其主要原理是通过计算在关口处电能的流向和大小，记录使用电能的数据，并根据数据来为电力企业的发展作为相对应的经济指标和计算的基础数据。

1. 确认电能计量关口的原则

电能计量的各项数据能够很好地反映电力企业的运行情况及各项参数指标是否处在正常值，而关口也是根据电能计量的这一意义产生的。虽然电力企业分为很多个部门，各项工作的进行也是有条不紊的，但对于关口这一判断标准，目前能够准确确定的电力企业只有少数。所以，为了方便企业实时了解电能运营的实际情况，应该在关口的划分、管理及整合方面确定统一的标准，规范电力企业的电能计量工作，有效地促进电力企业经济的稳定发展。

2. 用户电能的计量方法

（1）传统的手工抄表方式。这种方式是需要耗费大量的人力、物力、财力的基础性工作。在过去计算机等电子技术还不发达的时候，它是常用的一种电能计量手段，但是也带来了多种多样的问题和矛盾。例如在人工实际的电能计量过程中，经常会碰到顾客不在家或天气恶劣的情况，影响工作人员准确地计量实际使用的电能。

（2）IC 卡型电能计量方式。这种方式主要是通过预付的方式购买电量，进而克制电能的使用度。IC 卡的自动识别与购买也是保护个人隐私及个人资料不被泄露的一种计量方式，减少了电力企业劳动力的支出费用。在实际的发展过程中，虽然 IC 卡型的计量方法已经大范围使用，但是在经济发展落后的地区仍然存在较多的人工计量方式。

（3）自动抄表型电能计量方式。这种方式是依据通信技术和计算机进行联网控制，将计表仪器与电能表的使用相连接的方式。自动抄表型是在互联网行业迅速发展下的成果和启示，凝聚了最新发展科技的应用和延伸。当前，自动抄表型电能计量方式已经逐步应用到居民的用电的计量之中，实现了技术的自动控制和智能计量，是时代技术发展的重要成果。在未来，自动化的发展和计算机的联系越来越密切，是时代发展的趋势进程，通过对网络电能计量的大量信息进行处理，同时也体现了电力企业电能采集运维技术的创新和发展，促进企业的整体管理。

6.1.2.2 采集运维的效率提升

1. 使电能计量智能化和集中化

随着电力用户数量的不断增加，电力企业必须克服用户抄表过于分散的问题，以便更好地适应实际发展需要，可以将区域内的电力用户进行集中管理，从而及时发现和处理出现的故障能。另外，集中化的数据采集是提高采集运维效率的一种简洁的方式，在对电能计量实现智能化集中管理的同时，大大节约了企业的费用，适应了实际发展的需要，同时也提升了企业的服务质量。在实现智能化的同时，采取相应的收费模式，是对超标智能化用户的一种收费模式，加强企业对用户的管理，根据统一标准、统一收费，有效地保障电气企业的服务水平和正常运营。

2. 增强电能运维人员的职业素质

虽然电能计量工作是一项比较基础的工作，但是在智能机械化不断发展的时代，已经不能简单地靠纸和笔挨家挨户抄表了。电能维护及计量的工作人员需要具备更加鲜明的职业素养和能力，充分了解机械制造的大致结构，在发生机械故障的时候能够及时发现和处理。这不仅需要电力企业员工进一步增强自身的职业素养能力，也需要在社会不断发展过程中具备基础知识与技能，只有这样才能适应当前科技不断迅速发展的时代。其次，强化电能运维人员的职业素养也是对电能计量采集运维技术进行不断创新的基本需求，可以提高企业的综合服务水平。

3. 电能信息采集时需要注意的问题

（1）系统的运行问题。能够通过系统运行时抄表数据的波动程度来确定某些电表是否出现了故障问题等。如果主系统数据和实际表的记录不一致，并且个别数据差别较大，有可能是系统出现不稳定状态，此时需要强化主系统的稳定性，对系统进行全方位的提高，否则将会影响数据采集的准确性。而问题解决的关键是确保系统的稳定性和输电系统的通信质量。

（2）居民用户电网的安全和方便的问题。在对居民用电安全方面，电力企业首先要充分排查居民用电线路中可能出现的故障或安全隐患，告知居民后再一一解决，这是企业对用户的一种负责任的态度，也是对社会安全和人们生命安全的一种责任感。在设计电表及表箱等相关电器设备的时候，需要对线路进行多次排查和试验，并且将电表设计在高处，防止小孩子触摸。在电器设备等一些线路的醒目位置标注安全性和温馨提示，避免误入危险区等。

6.1.2.3 电能计量的运行维护及故障处理措施

1. 电能计量故障处理的一些措施

预防保护电能的运行系统及电器设备都具有一定的寿命期限，如果超负荷工作将导致其寿命大打折扣，容易引发机器故障，存在潜在危险。所以，在这里主要对一些故障分析提出几点措施。首先，电能计表会出现电能计量偏差、二次回路等，可以对一些电能计表进行不定期的排查，检查机器运行的相关设备、工具，保证电能计表没有超负荷工作。其次，针对电能计表的预防保护，可以将电能计表完全封闭起来，并且带锁，确保设备得到安全的保障。

2. 系统运行的故障处理及维护

（1）对于电能计量的监督工作落实到个人，实行责任监督制。电能计量的监督是一项基本的技能工作，也是故障处理中最主要的环节。一旦监督工作没有落实到个人，当出现故障时就会出现没人监督的情况，造成设备运转出现故障。

（2）发现设备出现故障时，需要针对出现的故障问题深化到具体的结构，分析是哪部分硬件出现问题并整改，在不断的改进和探讨中积累多种故障问题出现时的一些解决措施，整理程序，给新进的员工进行培训，促进企业员工的工作效率和工作质量，同时改进企业电能计量系统运行时会出现的各类故障问题，切实提高企业的实际竞争力和技术服务质量。

（3）提高工作人员的安全意识，对于电能计量出现的故障问题不能大意或忽视，应着力解决问题，找出出现故障的关键，避免下次出现类似的情况。工作人员的安全意识会深深地影响每一个用户，也会引导用户逐渐注意到一些基本的用电知识和急救技巧，切实提升用户的安全感和幸福感，这也是电力企业致力于打造让用户更安全、更放心的用电理念。

3. 落实运行维护工作，提供可靠保障

首先，落实电能计量设备的监督管理工作，避免运行过程中出现故障。在用户处安装的电能计量装置，应按照要求对其进行有效的封印，从而确保电能计量设备的正常、高效运行。为了延长电能计量设备的使用寿命，还需要及时更换磨损的电能表。其次，如果电能计量设备出现故障，要立即上报相关技术部门，以便对故障进行有效的分析和处理。如果贸易结算电能计量设备出现故障，那么就可以根据《中华人民共和国电力法》对其进行处理。同时，电力企业还需要加强电能计量设备工艺监督管理，从而确保运行维护工作得到有效的落实，为电能计量设备提供可靠保障。

4. 提高电能计量采集运维人员的综合素质

电能计量采集运维效率的高低直接决定电力企业发展速度的快慢和经济效益的高低，而电能计量人员的综合素质与电能计量采集运维具有密切的相关性。因此，要想更好地提升电能计量采集运维效率，就需要工作人员努力学习专业知识和技能，不断提升自身的综合素质水平。在电能计量采集运维过程中，网络化与智能化得到广泛的应用，需要电能计量采集运维人员更好地了解和掌握电能计量知识，不断提升自身的计算机操作能力，从而更好地胜任电能计量采集运维工作，促进电力企业

更好地发展。

6.2 低压台区精益化管理

配电变压器和低压侧输电线路及其供给的用户群组成配电低压台区。低压台区作为直接面向电力客户的最后一个环节，如果能够实现高度精益化管理、高度智能、高度监测及控制，将大大提高管理效率，加强为电力客户服务的实惠度，配合智能高压输电的坚强电网架构，提高整个智能电网的运载能力，为电力客户提供高质量的电力能源。随着人们对供电质量、供电可靠性的要求越来越高，必须采用现代化的技术手段对配电低压台区进行精益化管理与智能化升级。

6.2.1 智能配电低压台区运行监控

6.2.1.1 配电低压台区现状

长久以来，我国低压配电网的网架结构比较差，并且一直得不到修补，电线杆歪倒、线路中断、配电变压器烧毁等事故时有发生，供电的安全、经济、可靠性得不到保证，人畜触电伤亡事故频发，因此，它是电力网络中电压等级最低、数量最庞大、运行环境最恶劣、与居民用电环境最密切的部分。但是，低压配电网一直被忽视，特别是配电台区中的一些低压设备依旧靠维护人员到现场查看故障情况，故障排除后靠手动操作恢复供电。早期低压断路器一般不具备自动重合闸功能，一些台区为了避免低压断路器频繁跳闸带来的现场维护问题，不得不退出低压断路器的保护功能，使得配变得不到保护，甚至会引发配变烧毁事故。一些地方由于对台区负荷变化规律和负荷分配情况不熟悉或不重视，在新增单相用电设备时，特别是大的单相设备在分配时没有及时按三相负荷平衡分配，使得配电变压器的有功出力降低，线损增大。在这种情况下，一旦某相中性线断线，将进一步加剧台区三相负荷不平衡，可能导致负荷较重的一相无法正常供电，而负荷较轻的一相将因电压过高而引发线路故障。低压配电网如果缺少了远程通信功能，就没有办法实现自动化和智能化，配电低压台区电网的信息不能够接入配电网自动化系统，这就使配电网自动化系统不能够覆盖到配变低压台区。

6.2.1.2 常规配电台区智能化改造

一个好的设计改造方案，应该在综合考虑技术、经济及实用性的情况下，选择最合适的改造方案。由于传统配电台区存在负荷波动比较大、电压合格率低、无功补偿效果差、台区保护不可靠、安装不方便、自动化程度低等问题，所以迫切需要对传统配电台区进行智能化改造。在传统配电台区中加入智能化设备、通信设备可以实现配电台区的智能化，配电台区的智能化应用可以通过智能程序实现。所以，基本的设计思路是在传统配电台区上做一些适当的变化，加入通信设备和智能化程序。这种设计思路不仅减少了设计成本，而且对于已有的配电台区变化不是很大，非常便于智能台区的推广和应用。

1. 总体方案

配电台区智能监控系统是实时监控、采集和处理台区内的智能电表、无功补偿装置和智能总保（剩余电流动作保护器）的信息，从而实现台区的信息监测、集中抄表、台区数据分析、电能质量监控、漏电保护的监测和管理、台区运行异常报警及信息交互的基本功能。常规配电台区智能在线监控系统总体方案如图 6-1 所示。台区智能监控系统包括台区智能在线监控终端（智能总保、智能电表、无功补偿装置）、通信终端和台区智能监控主站三大部分。智能监控终端通过 RS－485 接口与通信终端连接，通信终端实现 RS－485 通信协议的转换，并通过无线公网或有线通信（以太网、光纤等）与上级服务器中的前置机程序实现信息传送。服务器存储台区监控终端上传的数据，以供各变电所、办公监控计算机读取，从而实现对智能总保、电表、无功补偿装置的远程监控，同时还可以与其他系统相互转发数据。

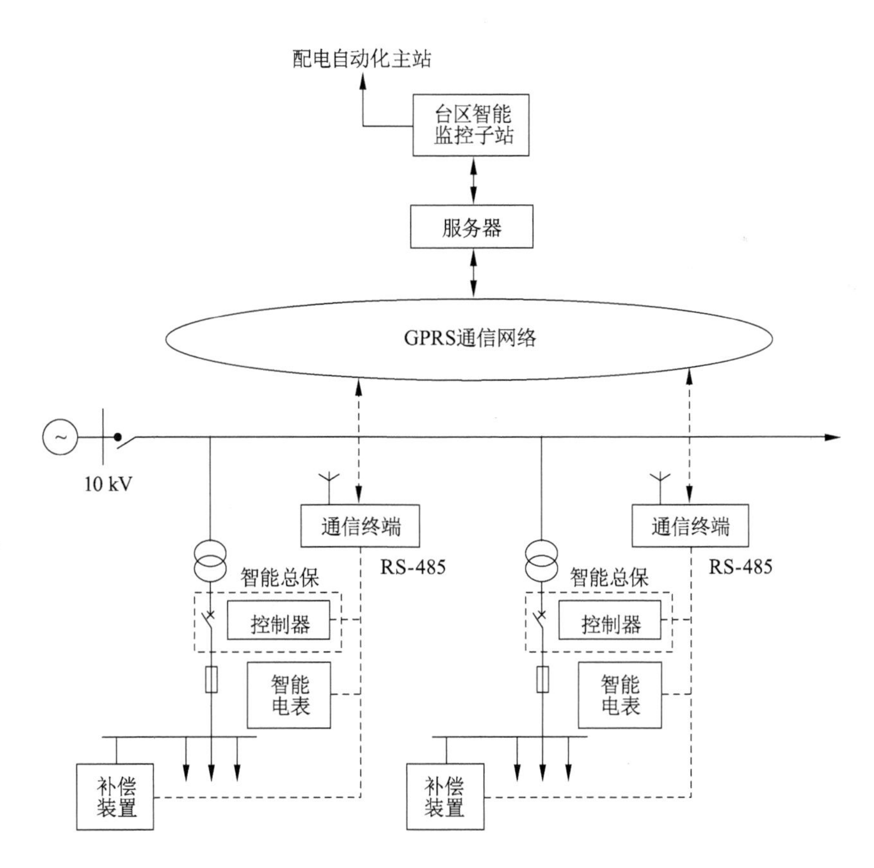

图 6-1　常规配电台区智能化改造总体方案示意图

2. 通信方案

配电台区一般情况下应该设置一个通信终端，上行通信连接 10 kV 线路，并且将信息上传到主站系统，与其他设备进行通信；下行通信是连接台区内的各个主要设备，与台区内的各设备可以进行双向通信。通信终端的上行和下行通信不应该只配置一种通信接口，还要留有接口，以便以后扩展。通信终端通过 RS－485 通信接口与智能总保、智能电表、无功补偿装置连接，进行通信规约、通信方式的转换，向上通过无线通信方式或有线通信方式（以太网、光纤）与服务器的前置机程序通信，从而实现终端设备与上级服务器主站系统的通信，保证后台主站能够对终端设备进行实时监测与控制。同时，现场设备故障实时用短信传送给工作人员；工作人员可通过手机实现查询现场设备信息；可实现紧急操作，可设置多个报警手机，保证了故障处理的快速性和台区的安全运行。

3. 系统主要功能

图6-2 中的台区智能监控子站是上级配电自动化主站的一个子站，也是各台区智能监控终端的自动化主站。它是台区智能在线监控系统的核心部分，主要实现数据采集与监控等基本功能，以及对时、线路模拟图等扩展功能。主站的容量非常大，即一台主站可以挂多个终端设备。

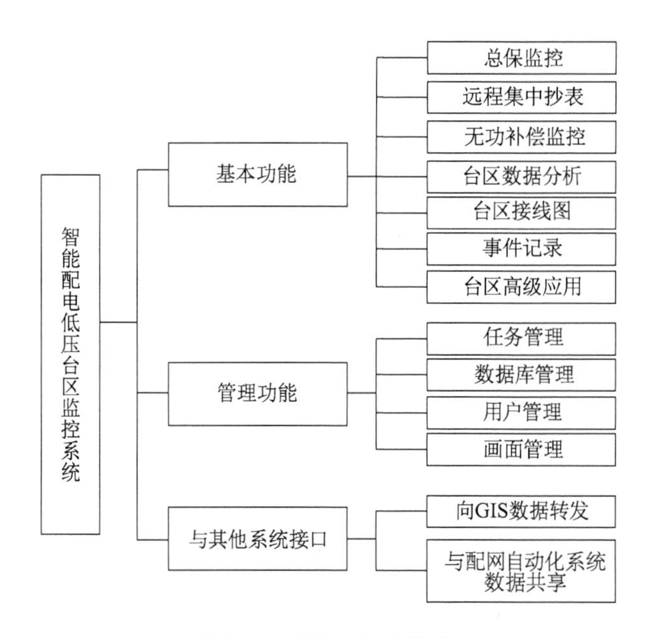

图 6-2　系统主要功能图

台区智能在线监控系统采用了 GPRS 网络通信技术，实现了“三遥”功能，使台区低压配电网设备如电表、总保、无功补偿装置等的实时监控成为可能，弥补了配电网自动化系统不能监控台区低压配电设备的不足，提高了供电安全和供电电能的质量，保证了供电服务水平。

（1）基本功能

遥信：通过主站后台系统可以对智能总保及无功补偿装置进行监视，能实时在线监视总保开关状态及无功补偿装置的投切状态。

遥测：通过主站后台系统可以实时在线监测智能总保的电压值和电流值。实时在线监测智能电表的有功、无功电度，以及当前有功、无功电能的最大输入输出量及发生时间。主站后台系统还可以实时在线监测无功补偿装置的电压、电流、功率因数、有功功率、无功功率及谐波畸变率等电网信息。

遥控：通过主站后台系统可以远程对智能总保进行分合闸操作及对无功补偿装置进行投切操作。为了保证遥控功能对系统的安全性和可靠性，需要操作员在进行操作时进行身份验证，审批遥控权限，还可以遥控控制功能闭锁、撤销和终止。

（2）扩展功能

① 主控台程序：快捷操作各功能模块软件，同时作为主站系统的软件“看门狗”。

② 服务器程序：是整个系统的核心，负责协调各客户端的数据输入输出。

③ 客户机服务程序：能够把数据实时上传到客户端计算机。

④ 前置机程序：负责与现场的各终端通信。

⑤ 数据库管理程序：与系统 SQL Sever 数据库接口，任何用户都可以浏览数据库中的数据，但是只有具有“操作数据库”权限的用户才能对内部数据进行添加、修改、删除等操作。

⑥ 用户管理程序：对操作系统软件的客户进行权限分配，只有赋予用户权限，才能操作某项功能。

⑦ 告警事件信息显示程序：实时显示系统中的各越限、变位、操作等信息，并提供声音告警等功能。

⑧ 事件查阅程序：对历史事件、信息等进行查询、生成报表、打印等。

⑨ 画面编辑软件：供电公司的调度人员主要通过监控画面来获得电网设备的信息。对电网调度和控制的主要操作方式就是通过上传的台区监控画面。图形画面能够反映台区的很多复杂信息，控制操作方式简单，人机界面清晰容易操作，不需要专门培训。

⑩ 画面显示程序：实时显示现场接线图画面和实时采集数据、开关状态等，并可进行遥控、对时等操作。通过系统自带的画图工具绘制线路模拟图。在模拟图上可以直观地看到每条线路、每个智能监控终端的信息。

⑪ 画面管理程序：对各种画面进行分类管理，便于系统维护和浏览。

⑫ 任务管理程序：对主站系统的各个任务进行管理，自动启动实时运行任务等。

⑬ 系统注册程序。

⑭ 远程集中抄表程序：远程集中抄表程序不仅能够使抄表的准确性和同时性得到提高，而且在抄表过程中不浪费供电公司的人力资源。

⑮ 总保监控程序：能够对用电设备和线路进行保护。

⑯ 无功补偿监控程序。

⑰ 台区数据分析系统。

6.2.2 低压台区时间序列负荷预测方法

6.2.2.1 台区负荷预测技术现状

随着我国社会经济发展和人口增长，各地区用电量不断增长，屡创新高，这给基础台区配变供电带来巨大压力，超载及严重超载现象时有发生，严重影响台区正常的生产生活。为了满足不断增长的用电需求，各省相继提出台区配变扩容的规划，而台区配电负荷的预测是扩容规划的重要前期工作，准确的台区负荷预测尤其是对负荷日峰值的预测能为扩容规划的安全性与稳定性提供有力保障。

与区域电网（省网、市县网）相比，影响具体台区配电负荷的因素更难以分类和量化，可获得的统计数据种类少、质量差，这些因素使得台区配变负荷的预测成为一大难题。根据所研究的时间周期长度的不同，配电负荷的预测可以划分为以年为周期的长周期、以月或季为周期的中周期、以日为周期的短周期、以小时为周期的超短周期等不同类型。国内外许多学者对配电负荷预测进行了大量的研究，取得了丰富的研究成果。回归分析模型、时间序列模型、灰色预测模型、神经网络模型等在配电负荷的预测上都有着广泛应用。

然而，现阶段负荷的对象大多集中在区域电网（省网、市县网）领域，细化到具体台区的相关研究较少。相较于区域电网（省网、市县网），具体台区配电负荷的相关数据呈现出区域性明显、数据种类单一、数据非结构化、影响因素难以量化等特点。分区域电网的研究方法无法完全适用于台区配电负荷的研究，同时过于复杂的模型也限制了其在现实应用中的推广。本方法选择以日为周期的负荷峰值作为研究对象，研究日负荷峰值时间序列的短期波动特征。在模型的选择上，因为日负荷峰值数据存在明显的周期性特征，不适用于传统的回归分析，故本方法选择使用时间序列模型进行研究。相比其他预测方法，时间序列方法基于台区负荷的历史数据，能够反映不同时期负荷数据之间的相关关系，模型简洁，无须引入其他变量，克服了台区负荷影响因素繁杂、差异性大的困难，在实际推广应用中有较大的优势。

6.2.2.2 数据的甄别与修复

本书通过电力系统的采集终端获得台区配电负荷的日数据，提取每日配电负荷数据的最大值，构成负荷日峰值时间序列。在实际采样过程中，外界环境变化、突发情况干扰和采集终端不稳定，会导致时间序列中的部分数据出现缺失或失真等异常。异常数据会直接影响模型稳定性和预测精度，因此在建立模型之前，需要对失真的数据进行甄别并剔除失真数据值，在此之后使用插值法对缺失数据进行合理的修复。设负荷日峰值数据的时间序列为

$$Y_t = (Y_1, Y_2, \cdots, Y_n) \tag{6-1}$$

1. 数据甄别

（1）选取 t 期数据附近相邻的 5 期数据的平均值生成一个新数列$\overline{Y}_t$，如式（6-2）所示。将该序列作为正常观测值的基准序列，若某个时间序列上的观测值出现大幅偏离当期基准序列的情况，则被认定为失真数据。

$$\overline{Y}_t = \frac{1}{5}\sum_{j=-2}^{2} Y_{t+j} \tag{6-2}$$

当 $t=1, 2, \cdots, n-1, n$ 时，$\overline{Y}_t = Y_t$。

（2）定义数据点偏离率 ρ_t 为 t 期数据偏离 t 期基准数据绝对值的比率：

$$\rho_t = \frac{|Y_t - \overline{Y}_t|}{\overline{Y}_t} \tag{6-3}$$

（3）失真数据的甄别与剔除。根据经验数据取阈值 $e=0.5$，当 $\rho_t < e$ 时，t 时间点数据 Y_t为正常的观测值；当 $\rho_t \geqslant e$ 时，t 时间点数据 Y_t为失真数据，需要将其剔除，设为缺失值待后续修复。

2. 数据修复

使用线性插值法对缺失数据进行修复。首先选取数据不为空的点作为样本的起始点，解决起始点缺失数据从而导致无法修复的问题。对于位于时间序列中间的缺失数据，根据缺失数据是否相邻分为单一缺失与多个缺失两种情况：

（1）单一缺失：如第 i 点为缺失数据点，将其相邻一期数据点值的平均值作为修复值：

$$Y_i = \frac{1}{2}(Y_{i-1} + Y_{i+1}) \tag{6-4}$$

（2）多个缺失：设相邻缺失点数量为 5 个，起始点为 i，则缺失时间序列如式（6-5）所示：

$$Y_i, Y_{i+1}, \cdots, Y_{i+k-1} \tag{6-5}$$

Y_{i+j}（$0 \leqslant j \leqslant k-1$）为其中任一缺失点，取

$$r = \max(j, k-j) \tag{6-6}$$

将缺失值修复为

$$Y_{i+j} = \frac{1}{2}(Y_{i+j-r-1} + Y_{i+j+r+1}) \tag{6-7}$$

6.2.2.3 时间序列方法建立预测模型

台区配电负荷日峰值属于典型的时间序列数据。通过构建时间序列模型能够以量化的方式刻画出负荷日峰值时间序列之间的相关关系、外部冲击的传播方式、时间序列均值等特征，并且能够根据模型对下一期负荷日峰值数据做出预测。

为了量化负荷日峰值数据的时间序列特征，本方法建立了时间序列模型。模型由自回归与移动平均两个部分构成。在自回归部分，本期的随机变量将受到之前期数随机变量的影响，体现出不同期数随机变量之间的关联性，是时间序列内在规律性的体现。在移动平均部分，本期的误差项将受到之前期数误差项的影响，体现出偶然因素对随机变量的影响及该影响的持续性与衰减速度。

时间序列模型的一般表达式为

$$\varphi_p(B)(1-B)^d(Y_t-u)=\varphi_q(B)\varepsilon_t \tag{6-8}$$

式中：B 为向后位移算子，$BY_t=Y_{t-1}$；p 为自回归参数个数，$\varphi_p(B)=1-\varphi_1 B-\cdots-\varphi_p B^p$；$d$ 为差分阶数；q 为移动平均参数个数，$\varphi_q(B)=1-\varphi_1 B-\cdots-\varphi_q B^q$；$u$ 为 Y_t 的期望。

使用最小二乘法对时间序列模型进行参数估计。该方法通过使误差平方和

$$S(\varphi_1,\varphi_2,\cdots,\varphi_p,\varphi_1,\varphi_2,\cdots,\varphi_q)=\sum_t \varepsilon_t \tag{6-9}$$

达到最小，估计 p 个自回归参数和 q 个移动平均参数。

与标准的时间序列模型——自回归移动平均模型（ARMA）相比，通过时间序列模型的一般表达式构建的模型灵活性更高，模型的解释能力更强。使用时间序列模型的一般表达式能够准确地刻画负荷日峰值数据的周期性特征。传统的自回归移动平均模型在处理高阶自回归与移动平均时，模型的复杂度会大幅上升，这将大大增加模型的计算量并降低模型的可靠性，模型结果也难以解释，而采用时间序列模型的一般表达式构建模型能够针对数据的周期性选择合适的滞后阶数，以剔除无关变量，简化模型，提高模型稳定性与预测精度。

1. 周期性因素的确定

大量研究显示，负荷日峰值数据存在明显的周期性特征。故在构建模型的自回归部分时，可以根据对先验知识与自相关分析的结果进行综合考量来确定纳入模型的自回归阶数，这有助于更完整地提取样本特征并简化模型，具体步骤如下：

针对日峰值数据 $Y_t=(Y_1, Y_2, \cdots, Y_n)$ 进行自相关分析，得到自相关函数图像，根据图像确定自相关函数峰值间的阶数，设为 a，表明 Y_t 与 Y_{t-a} 具有相关性，将 Y_{t-a} 纳入模型的自回归部分。其后，考虑到典型的电力数据呈现出周、月、年 3 个不同时距的周期性特征，将向后位移算子为 7、30、365 的随机变量纳入模型的自回归部分，最后建立了如式（6-10）所示的自回归方程：

$$(1-\varphi_a B^a-\sum_{i=7,30,365}\varphi_i B^i)(Y_t-u)=\omega_t \tag{6-10}$$

2. 渐变性因素的确定

在式(6-10)中，模型的移动平均部分由 ω_t 表示，可以被理解为剔除周期性影响后的数据。为了确定移动平均部分的滞后阶数，通过自相关分析得到 ω_t 的自相关函数，并根据经验数据将相关系数的临界值设定为0.1，取显著大于0.1的作为滞后阶数，设为 b，并建立时间序列模型的移动平均部分，如式(6-11)所示：

$$\omega_t=\varphi_b(B)\varepsilon_t \tag{6-11}$$

该方程体现了日负荷峰值的渐变性特征。

综上，将式(6-11)代入式(6-10)即可构建时间序列模型的一般表达式：

$$(1-\varphi_a B^a-\sum_{i=7,30,365}\varphi_i B^i)(Y_t-u)=\varphi_b(B)\varepsilon_t \tag{6-12}$$

根据最小二乘法，使误差

$$S(\varphi_a,\varphi_7,\varphi_{30},\varphi_{365},\varphi_1,\varphi_2,\cdots,\varphi_b)=\sum_t\varepsilon_t \tag{6-13}$$

最小，得到参数的估计值，建立时间序列预测模型。

针对台区配电负荷自身特性，选择时间序列方法建立模型对台区负荷日峰值时间序列进行预测，模型由自相关部分与移动平均部分构成，通过综合先验知识和自相关的分析结果，设定了负荷峰值的滞后项来描述数据的周期性特征。实例结果显示：台区日负荷峰值存在明显的周期性特征，周期长度分为7日的短周期与365日的长周期，这与实际的台区用户用电习惯和季节变化的周期性特征相符。仅使用配电负荷数据是该模型的一大优点，配电负荷数据的可获得性好，数据质量高，大幅降低了实际推广的难度，有利于进一步推广，提高了模型的可比性。

6.3 专变专线精益化管理

专变专线用户是一个特殊的用户群体，为了不受其他用户的影响可申请专变专线供电。专变专线用户供电可靠性高，电压稳定性好，但其内部的一个电气事故就可能危及整个电力系统，导致大面积停电甚至严重人身伤亡事故。因此，专变专线管理工作不容忽视。

6.3.1 基于全过程管理的用电检查工作

近年来，电力客户的数量一直呈逐渐上升的发展趋势，所以电力用户的用电模式会变得日益多样化、复杂化，这给电力企业带来利益的同时也带来了诸多问题。电力企业供电质量的好坏直接决定各个行业的建设发展状态及核心竞争能力。对于电网企业来说，强化用电检查工作能够为电网的运行提供一个良好的环境，还可以

切实保证电力用户的安全用电，有效地保证电网企业经营者及电力使用者双方的切身利益，最为重要的是能够保证我国国民经济建设的健康有序发展。

6.3.1.1 电力企业用电检查管理工作概述

电力企业用电检查管理工作是指按照国家相关法规及供电企业规章制度，对用电用户的用电情况进行定期检查，其工作目的是维护供用电秩序，监督用电用户按照法规进行用电，同时检查用户用电安全管理中存在的问题，制定有效的解决对策，促进用电用户安全管理水平的提升。因此，电力企业用电检查管理工作具有重要意义，其主要表现在以下几个方面：

首先，用电检查管理工作是用户安全用电的基础措施。用户在用电过程中存在一定的安全隐患，如果不能及时进行用电检查工作，则潜在的安全隐患便无法消除，从而引发用电事故，对整个电网的安全通电产生影响，甚至造成生命财产安全，所以，做好用电检查管理工作尤为重要。

其次，用电检查管理工作是企业优秀服务的体现。电力企业的用电检查管理工作相当于一项售后服务工作，做好这项售后服务保障工作，电力企业能够满足用电用户的需求，了解用户的使用情况，给用户提供用电安全保障，为用电企业创建优秀的用电销售服务。

最后，用电检查管理工作能够确保电力检查工作效果。通过深化电力企业用电检查管理工作，能够确保用电检查工作效果的实现，定期用电检查能够提高用户的用电安全意识，避免电力事故的发生。检查用户的用电行为是否遵守电力供需合同，发现违规行为应立即上报，保护电力企业的权益。在用电检查工作中加大向用户宣传节能知识和安全用电知识。

6.3.1.2 电力企业用电检查管理工作现状

1. 用电检查人员综合能力不高

用电检查人员作为电力检查的主要负责人，他们的专业素养会在很大程度上影响电力企业用电检查管理工作效果。从目前来看，用电检查人员存在综合能力不高的问题，这一问题的存在与当前的用电环境变化有着直接关系。一方面，随着科技水平的发展，用户对于电力资源的应用日趋多样化，但很多用电检查人员并没有提高自己的专业素养，这使得用电检查人员的专业素养出现了不符合行业发展需求的情况；另一方面，随着科技水平的发展，用电检查工作也日趋科技化和信息化，但很多资质较老的用电检查人员因为自身素质水平而不具备这些素养，再加上上进心不足等问题，使得其在专业素养方面存在滞后性问题，影响了其在用电检查工作当中的职能发挥。

2. 用电检查管理工作效率低

在电力企业用电检查工作中，检查人员作为重要的工作主体，在用电检查工作中发挥着重要作用，用电检查工作中使用的设备、机器、工作人员缺一不可，任何一项的缺失都会对该项工作造成很大的影响，使得用电检查管理工作无法高效开展。当前电力企业用电检查管理工作存在检查人员不足、装备不足、检查方法漏洞等问题，这导致用电检查管理工作无法有效开展。

3. 电网线损十分严重

在电力企业经营过程中，输电线路作为电力运输环节中的损耗品，会因使用年限、外部环境影响等因素出现损耗，为了保证电力运输工作的有效完成，定期对输电线路予以检查，并及时更换破损线路对于保证电力事业正常秩序具有重要意义。但从目前来看，存在对电网线损严重且没有做到及时检查和更换的情况，这不仅会造成电力企业的经济损失，还有可能引发相应的电力故障。导致这种情况出现的原因一方面是外部环境影响导致的输电线路损耗，另一方面是由于电力检修人员工作不力，没有及时处置一些潜在危险而导致的输电线路过度损耗，以至于出现了电力线路损耗过大，造成不必要的成本浪费。

6.3.1.3　基于全过程管理的用电检查工作

电力企业在推动社会经济发展中发挥着不可替代的作用，该作用不仅在于为市场经济主体提供电力产品，还体现在为他们提供安全用电保障。近年来，随着电网服务区域经济的长足进展，市场经济主体对电力的需求结构也呈现出日益复杂的局面。因此，拘泥于传统用电检查工作模式已难以适应当前的电力安全要求。为此，基于全过程管理来实施用电检查工作便成了必须要认真面对的课题。

1. “全过程管理”内涵解析

（1）基于企业产能结构开展电力基础设施施工

在当前供电区域的供给侧结构性改革背景下，企业必须面向市场需求结构动态调整自身的产能结构。与之相适应的是，在对企业所在园区开展电力基础设施施工中，需要以企业的产能结构为施工导向，进而防止企业单方面对电力系统进行改造。

（2）基于企业日常生产监管电力系统运行状况

在对企业电力系统运行进行信息化管理的过程中，电力企业可以通过用电数据来分析电力系统运行是否正常，进而也能防止部分企业在用电过程中出现行为失范的现象。由于基层供电企业受制于自身的组织资源短板，所以在开展监管电力系统运行状况时往往采取分析数据的异动现象，从而寻找到存在着电力系统运行异常的企业。

（3）基于企业发展需要开展电力系统检修工作

这里的电力系统检修不仅体现在有定期的常规检修工作，还体现在根据具体企业的扩容需要对其电力系统进行再造。其与用电检查工作相关联之处是用电检查本

质在于为客户提供电力服务，在电力系统运行监管中如果存在异常现象，则应以改善客户用电需求状态的方式给予解决，而不是单纯依靠规制的方式来限制。

2. 实现全过程管理的着力点分析

（1）着力于精准开展电力基建施工

前面已经指出，需要防止在用电安全管理中出现系统性风险。分析目前所存在的私自更改电路的现象，其根本原因还是在于原有电力设施无法适应企业的运营需要。那么，通过精准开展电力基建施工，便能在较长时间内防止上述失范行为的发生。在企业客户需求导向下开展电力基建施工，则需要增强供电企业与企业之间的信息交互质量，并在实地勘察的基础上为企业提供可行的施工解决方案，这便构成了全过程管理的比较优势。

（2）着力于与数据异动企业的联系

在电力企业市场化经营趋势的推动下，以及随着社会资本逐步进入电力市场的背景下，供电企业需要与企业客户之间建立起良好的业务关系，进而夯实供电企业在当地的先发优势。为此，这里就需要着力于与数据异动的企业建立有效沟通与联系。用电数据异动可能归因于产能水平的提升，也可能归因于企业使用新型生产设备、流水线。为了确保用电安全，供电企业便需要从线上和线下开展与目标企业之间的联系。

（3）着力于及时反馈企业需求信息

随着我国宏观经济面的持续走好，电网公司所服务区域内企业的用电水平也持续走高。除去过剩产能和优化产能结构工作的陆续展开，促使不少企业对于电力产品产生了新的需求结构。因此，在用电检查过程中还需要及时反馈企业的上述需求信息，同时提高对该需求信息的响应时效。

3. 用电检查工作实施模式构建

（1）完善供电企业电子商务平台搭建

遵循上文提出的理念，即用电检查工作根本在于服务各类客户，供电企业需要完善电力商务平台，以模块化服务的方式来为客户提供便利。在用电检查中，需要对客户需求信息进行及时反馈，对客户用电安全隐患进行及时处置，所以这里的电子商务平台主要以移动平台的形式存在，并能与各类型客户的手机终端兼容。笔者建议，在现有移动 APP 中开发出专供用电检查的模块，进而提升客户的用电体验感。

（2）识别优质客户开展上门访问服务

对于优质的企业客户可以开展上门访问服务，而优势客户的识别标准可以为本地区重点发展企业、隶属于本地区战略新兴产业及具有相对特殊的用电需求等。在保持在线联系的同时，委派专人开展上门访问的目的在于：① 了解企业相关人员对用电安全知识的掌握程度；② 对客户用电设备的安全性进行现场检查；③ 对客户未来用电需求信息进行备案。通过上门访问可以获得代表性的用电需求信息，为日后线路改造实现精准发力提供数据支撑。

（3）建立线上与线下的互动联系方式

目前，用电检查仍主要以定期、定点检查为主，而这并不符合全过程用电检查的要求。为了将电力基建施工、电力系统运行、电力设备检修都纳入用电检查中来，需要在夯实线下联系的同时，进一步增强线上联系的力度。为了提升用电检查的规制效果和服务能力，还需要在历史数据中筛选出“风险级”客户，对他们重点开展线下联系。对于“非风险级”的客户，则可以通过在线督导的方式防止用电风险事故的发生。

（4）用电检查中广泛收集客户的反馈

供电企业所服务的客户类型十分广泛，除了社区居民之外，还涉及行政事业单位群体，以及个体工商户、企业法人实体等。因此，为了拓展用电检查的职能范围，并能更好地改进客户关系，在用电检查中应广泛收集客户的反馈信息，在大数据分析基础上找到客户需求的共同点，并聚焦共同点来整合供电企业电力检修、施工、检查的组织资源。在优质客户的识别下着手解决客户的差异化用电需求问题。

6.3.2　鲁棒性有序用电避峰计划的制订

电力工业的发展正呈现出新形势，一方面，风能、太阳能等具有间歇性、随机性特点的清洁能源大规模并网，电网互联程度不断加深，区域电网外受电源的比例不断提高；另一方面，近年来极端天气频繁出现，加剧了电力系统短时供电不足的可能性。有序用电将电力需求侧资源纳入电网的运行调控之中，在解决供电短缺、消纳新能源方面发挥着日益显著的作用。

6.3.2.1　有序用电管理手段

避峰措施作为有序用电管理的一种有效手段，通过削减、中断负荷等方式来应对电力系统的短时供电缺额。但在以往研究中，对电力用户响应效果评估方法计算误差，以及电力用户响应不确定性，尚缺少有效的处理，因此有序用电的鲁棒性调控效果难以达成。

基准负荷计算方法虽可为有序用电期间电力用户执行情况的评价提供依据，但模型误差的存在不可避免，因此以基准负荷计算结果作为有序用电方案制定与奖惩激励的依据显然不够精准。值得注意的是，电力用户通过自主安排各时刻的用电来满足生产、生活的需求，由此形成的基准负荷本质上反映了电力用户的用电意愿，因此可将其认定为电力用户的私人信息，以其表征用户类型。

由于有序用电计划制定中常不考虑电力用户的经济损失，且缺乏有效的奖惩措施，因此电力用户在响应负荷削减指令时难免存在偏差，即电力用户的响应存在不确定性。激励型需求响应项目，由于存在合理的补偿和惩罚机制，电力用户响应的不确定性较小。因此，如果能够通过合理的机制设计实现对电力用户的适度激励，将有助于消除有序用电过程中电力用户响应不确定性的影响。

6.3.2.2 有序用电避峰计划制订

由于信息不对称，电网运行部门并不准确地知道各电力用户的缺电成本信息和负荷削减潜力，而根据电力用户自行申报的信息进行决策，难以实现避峰计划的准确完成。为此，在不要求参与避峰的电力用户上报其真实缺电成本信息和负荷削减能力约束的前提下，电网运行部门需要根据负荷平衡约束进行避峰机制的构建。

根据最优化原理，仅考虑等式约束，当各电力用户的边际削减成本相等时即可实现目标函数最优。按照边际效益等于边际成本的原则对电力用户进行补偿，以实现避峰机制均衡时电力用户效益的最大化，从而激励电力用户准确地反馈均衡函数结果。电网运行部门根据反馈结果，不断地调整均衡信息直至各电力用户的均衡函数为零，得到各电力用户自身效益最优的削减量。基于激励相容机制的构建，虽然模型中并未直接考虑电力用户的削减能力约束，但在均衡信息引导下的分散决策过程中，电力用户为了获得自身效益最优的削减量，必然在充分考虑自身约束的情况下合理安排其用电行为，在初始避峰计划结果不可执行时，电力用户将向电网运行部门进行申报，以期获得可执行的削减量，从而在保证自身利益的同时，完成系统计划削减量，实现避峰计划调控效果的鲁棒性。

6.3.2.3 避峰机制实现流程

电网运行部门根据次日机组最大出力水平和负荷预测结果确定系统计划削减量 ΔP，有序用电避峰机制流程见图 6-3。避峰计划具体求解步骤如下：

步骤 1：按照经济机制设计的原则，由电网运行部门统一构建各用户的均衡函数，并将均衡函数下发给各电力用户，各电力用户根据私人缺电成本信息计算其待验证的均衡函数。

步骤 2：电网运行部门根据历史统计数据，计算均衡信息并下发给各电力用户，各电力用户接收均衡信息计算各自均衡函数的结果，并将结果反馈给电网运行部门。

步骤 3：电网运行部门接收电力用户的反馈信息，返回步骤 2。重复步骤 2、3 直至各电力用户的均衡函数为零，并最终确定各电力用户的缺电成本信息和真实基准负荷。

步骤 4：根据步骤 3 得到的均衡信息计算各电力用户的负荷削减量和统一补偿价格。

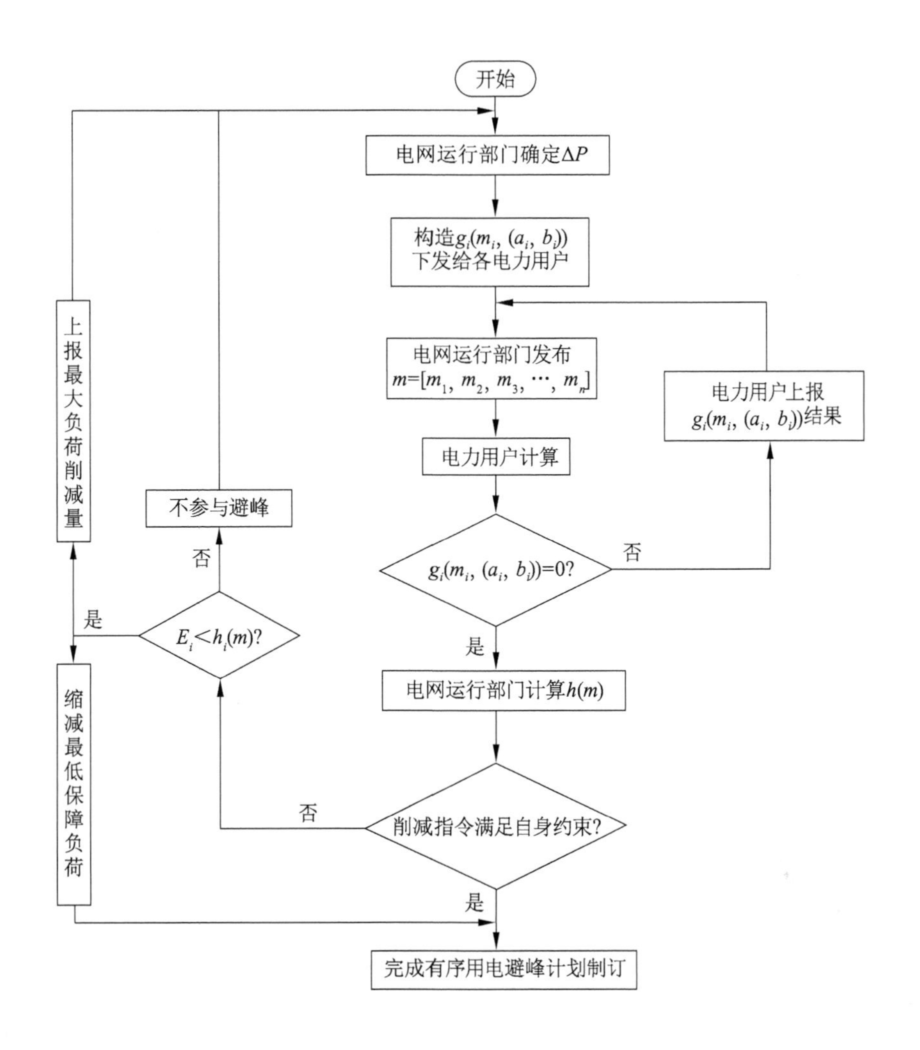

图 6-3　有序用电避峰机制流程图

步骤 5：电力用户的负荷削减能力校验。当负荷削减指令满足各电力用户的负荷削减能力时，电力用户按照均衡结果进行负荷削减，同时保证实现自身效益的最大化。

在求解过程中，电网运行部门只负责构建均衡函数、下发削减指令及补偿价格，并不考虑电力用户实际负荷削减能力的约束。当避峰计划结果不利于电力用户实现自身效益最大化时，允许其调整用电行为，并上报电网运行部门重新计算。当负荷削减指令超过其最小负荷削减能力时，原则上电力用户可以采取移峰或错峰的方式，来改变避峰时刻的初始用电安排以保证自身利益不受损失。当负荷削减指令超过其最大负荷削减能力时，允许电力用户通过缩减最低保障负荷，或者向电网运行部门

上报其最大负荷削减量的方式以求得自身效益的保证。

步骤6：电力用户上报其负荷调整结果或申报最大负荷削减量后，电网运行部门重新计算均衡函数和避峰计划结果。重复上述过程，直至所有用户的削减量在可执行范围之内。

电力用户是分散决策的，因此在后续的用电调整过程中，不可执行的电力用户会通过调整用电安排以期下一轮均衡时消除不可行，而初始可执行的电力用户则不会改变其用电行为。

6.4 电费精益化管理

按照现行电价制度分类，所有客户分为执行单一制电价和执行两部制电价。单一制电价是以在客户安装的电能表计每月表示出实际用电量为计费依据的一种电价制度。两部制电价包括基本电价和电度电价两部分。两部制电价制度是指基本电费按用户的最大需量或用户接装设备的最大容量计算，电度电费按用户每月记录的用电量计算的电价制度。

6.4.1 单一制电价电费管理

6.4.1.1 执行单一制电价客户的电费构成

执行单一制电价客户是以电度电价结算电费的。电度电价包含目录电度电价和代征电价，对应的电费分别是目录电度电费和代征电费，目录电度电价是指不含代征电价的电度电价。代征电价是所有基金及附加单价的总和。在受电容量大于等于100 kVA（kW）的需要执行功率因数考核的客户还包括功率因数调整电费。

（1）目录电度电费

目录电度电费是客户的结算有功电量与该结算有功电量所对应的目录电度电价单价的乘积。若客户执行分时电价，则目录电度电费应分为高峰目录电度电费、平段目录电度电费、低谷目录电度电费（分时电价按各省物价局文件执行）。

（2）代征电费

代征电费是指按照国务院授权部门批准，随结算有功电量征收的基金及附加所对应的费用。

（3）功率因数调整电费

功率因数调整电费是根据客户本抄表周期内的实际功率因数及该客户所执行的功率因数标准，按功率因数调整电费表的调整系数对客户承担的目录电度电费进行相应调整的电费。

6.4.1.2　计量方式与变压器损耗的关系

（1）计量方式的分类

计量方式有高供高计、高供低计、低供低计3种方式。

（2）变压器损耗

变压器损耗是变压器输入功率与输出功率的差值，主要包括铜损和铁损两大部分。铜损是当电流通过线圈时在线圈内产生的损耗；铁损是在铁芯内的损耗，主要包括磁滞损耗和涡流损耗。

（3）计量方式与变压器损耗的关系

高供高计客户电能计量装置装设在变压器的高压侧，无须单独计算变压器损耗。

高供低计客户电能计量装置装设在变压器的低压侧，其损耗未在电能计量装置中记录。根据《供电营业规则》第七十四条规定："用电计量装置原则上应装在供电设施的产权分界处。如产权分界处不适宜装表的，对专线供电的高压用户，可在供电变压器出口装表计量；对公用线路供电的高压用户，可在客户受电装置的低压侧计量。当用电计量装置不安装在产权分界处时，线路与变压器损耗的有功与无功电量均须由产权所有者负担。在计算客户基本电费（按最大需量计收时）、电度电费及功率因数调整电费时，应将上述损耗电量计算在内。"

低供低计客户的变压器损耗是由供电部门承担的。

6.4.2　两部制电价电费管理

6.4.2.1　执行两部制电价客户电费的构成

两部制电价包含基本电价和电度电价。电度电价是目录电度电价、各项基金及附加单价的总和。对应的电费有基本电费、目录电度电费、代征电费。

基本电费是根据客户变压器的容量（包括不通过变压器的高压电动机的容量）或最大需量和国家批准的基本电价计收的电费。目录电度电费、代征电费与执行单一制电价客户相同。

执行两部制电价的客户均应包含功率因数调整电费。

6.4.2.2　执行两部制电价客户电费的计算方法

1. 基本电费的计算

（1）按变压器容量计收

根据客户受电变压器容量加上不通过该变压器的高压电动机容量（此时kW或kVA等同），按国家批准的基本电价计收。

《供电营业规则》的相关规定：

以变压器容量计算基本电费的客户，对备用的变压器（含不通过变压器的高压

电动机），属于冷备用状态并经供电企业加封的，不收基本电费；属于热备用状态或未经加封的，不论使用与否都计收基本电费。

客户专门为调整功率因数的设备，如电容器、调相机等，不计收基本电费。

在受电装置一侧装有连锁装置互为备用的变压器（含高压电动机），按可能同时使用的变压器（含高压电动机）容量之和的最大值计算其基本电费。

如转供户为按容量计算基本电费，应按合同约定的方式进行扣减。

（2）按最大需量收取

电力用户应与电网企业签订合同，其中选择按最大需量方式计收基本电费的，应按合同最大需量核定值计收基本电费。电力用户提前5个工作日向电网企业申请变更下一个月的合同最大需量核定值，电力用户增容可同时调整接电当月最大需量核定值。电力用户实际最大需量超过合同核定值105%时，超过105%部分的基本电费加一倍收取；未超过合同核定值105%的，按合同核定值收取。最大需量核定值按户申请，不低于可能同时运行的最大容量（含热备用变压器和不通过专用变压器接用的高压电动机）的40%，也不高于各路主供电源供电容量的总和。

抄见最大需量的计算公式为

$$抄见最大需量=本次示数\times综合倍率$$

电力用户选择按最大需量方式计收基本电费的，对同时运行的各路电源，按每路电源分别计算最大需量，累加最大需量后计收基本电费；对主供和备用方式运行的各路电源，按其中最大需量较大的一路电源计收基本电费。

在计算转供户用电量、最大需量及功率因数调整电费时，应扣除被转供户、公用线路与变压器消耗的有功、无功电量。但是如果被转供户不执行功率因数调整电费，那么其有功无功电量都不扣除。

最大需量按下列规定折算：

照明及一班制：每月用电量180 kWh，折合为1 kW；

二班制：每月用电量360 kWh，折合为1 kW；

三班制：每月用电量540 kWh，折合为1 kW；

四班制：每月用电量720 kWh，折合为1 kW。

如转供户为按最大需量计算基本电费，需将被转供户电量折算成最大需量扣除。

按最大需量计算基本电费的客户，凡有不通过专用变压器接用的高压电动机，其最大需量应包括该高压电动机的容量。客户申请最大需量也应包括不通过变压器接用的高压电动机容量。

需要说明的是，有的网省公司根据自己的情况确定的规定也有不同。读者可以根据自己网省公司的规定计算基本电费。

（3）变更用电时的基本电费

基本电费以月计算，但新装、增容、变更与终止用电当月的基本电费，可按实用天数（日用电不足 24 小时的，按一天计算）、每日按全月基本电费的 1/30 计算。事故停电、检修停电、计划限电不扣减基本电费。

① 增加容量时的基本电费

基本电费 = 原有容量的基本电费 + 新增容量 × 增加容量后变压器实际运行天数

对于新装客户，上式中“原有容量的基本电费”为零。

② 变更时的基本电费

基本电费 = 原容量 × 变更前变压器实际运行天数 + 变更后容量 × 变更后变压器实际运行天数

对于终止用电客户，上式中“变更后容量”为零。

其中，变更时按每台变压器进行计算。

③ 其他相关规定

减容期满及新装、增容的客户，两年内不得申办减容或暂停。如确需要办理减容或暂停的，减少或暂停部分容量的基本电费应按 50% 计算收取。

暂停期满或每一个日历年内累计暂停用电时间超过 6 个月者，不论客户是否申请恢复用电，供电企业须从期满之日起，按合同约定的容量计收其基本电费。

暂停时间少于 15 天的，暂停期间基本电费照收。

对两部制电价的客户，若暂换变压器，则应从暂换之日起，按替换后的变压器容量计收基本电费。

减容（暂停）后容量达不到实施两部制电价规定容量标准的，应改为相应类别的单一制电价计费，功率因数调整电费标准按照供用电合同执行，其中按容量方式计收的基本电费按实际执行天数计算。

2. 目录电度电费计算

目录电度电费计算与执行单一制电价客户的方法一致。

3. 代征电费的计算

代征电费的计算与执行单一制电价客户的方法一致。

需要注意的是，执行两部制客户的电价类别中基金及附加的类型和数额也有不一样的。

4. 功率因数调整电费的计算

执行两部制电价客户的功率因数调整电费计算方法与执行单一制电价客户相同。但需要注意的是，基本电费参与功率因数调整电费的计算，即

两部制功率因数调整电费 = ± 功率因数调整电费增减率 ×（基本电费 + 目录电度电费）

（1）对于需要分次结算的客户，在最后一次抄表时会按全月用电量计算功率因数，以全月目录电度电费和全月基本电费作为基数计算功率因数调整电费。

（2）双路供电的情况下，有功电量和无功电量合并计算总功率因数。

（3）照明电量是否参加功率因数的计算，照明电费是否参加功率因数调整电费的计算，须按各网省公司的具体规定执行。

6.5 增量配电网多维精益化线损管理

随着社会经济的不断发展，电力能源在社会发展中扮演的角色越来越重要。社会生产生活需要大量的电力能源，这对我国电力产业带来严峻的挑战。对于增量配电网企业来说，降损增效是减轻供电压力和促进企业发展的重要途径。应从管理降损和技术降损两方面入手，健全管理组织，分解线损指标，落实各级领导、各部门和工作人员的责任，认真开展线损理论计算和现场测试，为合理制订线损计划指标提供依据。在日常线损管理工作中，细致分析产生线损原因，寻找切实可行的办法，努力把电网损耗降低至合理水平，提高企业的经济效益。

6.5.1 线损的基本概念

在电力行业，线损是一个重要的概念，指电能在电网中的输、变、配等环节产生的能量损耗。一般而言，线损率（即电网的线路损失率）的计算方法为，电网统计范围内损失的电能占同期、同范围供电量的百分比。线损率是衡量供电企业技术能力、经营管理水平的重要指标，线损率的高低与电力网架的合理性、电力管理调度是否经济、电网及电力设备是否先进等有关，电网整体的管理运行水平也会影响线损。从电力企业运行的角度来看，降低线损率能够有效提高电力企业的经济效益，是电力企业需要持续开展的重点工作。

在电力系统的电能传输环节，线损主要由以下几个方面的因素产生：变压器的绕组和铁芯分别产生的电阻性损耗、励磁性损耗；电网架空线路及电缆线路产生的电阻损耗；电力传输网络中部署的电容类设备、电抗类设备产生的电能损耗；电力网络中部署的保护装置产生的电能损耗；介质产生的损耗、电网计量装置产生的损耗等。

从构成的模式对电网线损进行划分，线损包括理论线损值、经济线损值、管理线损和定额线损统计性线损 5 种。其中，理论线损值就是通常所说的技术性线损，主要是电网在传输电能的过程中，电力线路、电网设备和电网负荷产生的电能损耗。理论线损是不可避免的，在对电网线损进行评估和预测时，可以利用电力设备的参数和相关数学模型，计算出理论线损值。管理线损是指在电力企业营销过程中，由于存在抄表时间不同期、人为抄表错误、窃电等行为所产生的电网电能损耗。统计性线损一般指理论线损和管理线损的和。供电企业在进行电能管理时主要的研究对象是统计线损，供电企业根据自身线损管理情况、电网及电力设备维护更新情况，每年都要制订线损管理目标和计划，明确线损管理的主要措施和降损目标。

6.5.2　线损影响因素

从电网线损的定义中可以看出，影响线损的因素主要可以分为两类：一类是电力技术和电力设备方面的，包括电网的拓扑结构、运行方式、电力设备性能等因素；另一类是电网运行管理工作方面的，包括电网的抄表及核算管理、反窃电措施执行情况、电能计量管理等。从线损的类型来看，技术线损主要由电力系统的参数决定，管理线损主要由人为因素决定。

6.5.2.1　技术线损影响因素

电力传输网络是一个复杂的系统，由大量具有一定技术含量的电力设备和传输线路组成，影响电网线损的技术性因素是多方面的。

1. 电网的规划和建设改造

电网的投资和建设不是一步到位的，在电网建设、发展的过程中，电网的拓扑结构和布局、电力设备的状态等都会影响电网的技术参数，会对电网的线损产生影响。在电网建设改造的过程中，技术改造将不断完善电网的网架线路和电力设备，使电力系统随覆盖范围用电负荷的变化保持安全、平稳、经济运行。需要注意的是，合理的规划和布局是电力系统安全、稳定运行的基础，符合电网设计情况的电力设备选型和部署，是降低电网技术线损的基础。

国内电力企业大量的实践证明，要建设稳定、高效、经济的电网，需要把节能降损的理念融入电网建设的各个环节，包括电网的投资评估、规划、设计、建设和维护等阶段，要从电网的结构性优化入手，做好电力设备的选型、升级和日常维护。在电网运行过程中，要根据电力运行变化情况、用户需求等因素，对电网的参数和电力设备状态进行监控和跟踪，一方面做好电网的调度管理，另一方面兼顾电网的经济性和技术性，确定电网开展技术升级的时间和方案，实现电网经济性和运行效率的一致。

2. 电网的经营运行

在电网经营运行的过程中，经济运行对于降低线损具有重要意义。经济运行指在满足用电安全、电网稳定性和满足用电需求的情况下，充分挖掘电网输变配设备和线路的供电潜力，通过合理调度、优化管理改变电网电流的潮流、线路运行状态和变压器的负载，降低电网运行过程中的有功损耗和无功损耗，降低电网的综合线

损。在实际的电力系统管理中，要实现电网的经济运行，需要以优化电网调度的计算作为基础，进行灵活的电网调度管理，这也是降低电网损耗、实现节能减排的手段。需要注意的是，电网的拓扑结构非常复杂，不同电力系统的运行方式也存在差异，电网运行的经济性一般是以降低线损、削峰填谷为目的进行方案确定和调度策略选择的，一般通过对电网潮流的计算和分析预测，通过对电网运行方式的调整降低电能的损耗，实现电网的最佳运行。

在电网经营运行中实现降低线损，电力调度自动化系统是基础，借助智能化的电力调度系统，可以计算并呈现各变电站的经济运行曲线，根据电网运行情况进行实时更新，调度人员根据经济运行曲线进行电网调度管理，实现各变电站在经济状态最佳的条件下运行。另外，提高用户侧的用电功率因数、发电站的发电功率因数也能降低线损，使用无功就地平衡的技术也能减小电压损失，在降低线损的同时改善电网的电压质量。

3. 降损节能新技术及新设备

通过使用节能型的变压器、电容器等电力设备，可以有效降低中压配电网的电能损耗，实现电力系统整体线损的降低。新型变压器、新型电容器使用了具有较好磁特性的材料，能够有效降低泄漏电流，减少电力设备的电能损耗。需要注意的是，使用新技术、新设备降低线损是建立在合理规划基础上的，必须根据电网实际情况和线损特点，合理部署新型电力设备，否则不仅无法降低线损，还有可能因为影响电网参数导致损耗增加。

6.5.2.2 管理线损影响因素

电网的运行不仅依赖设备和线路，对电网的调度、管理和日常维护也会影响电网的运行参数和状态，进而影响电网的线损。

1. 电网运行设备检修的质量

在实际工作中，做好电力设备的检修和维护有助于降低电网的线损。对电气设备的检修、维护质量会影响设备的装备和性能，及时消除电力线路、电力设备的故障和安全隐患，能够有效地降低电网发生事故的概率，可以减少故障引起的跳闸、应急转供电，能够有效降低电网故障损耗。合理地安排线路和设备检修周期、时间，同样可以促进线损管理。例如，当电力设备存在互供情况时，如果一台设备停止运行、另一台承担供电，处于运转状态的电力设备负载会有所加重，甚至可能重载、过载运行，设备损耗会立刻上升，减少设备检修时间能够在一定程度上减少设备线损。因此，对电网的检修必须合理规划，要根据设备及线路的实际情况制订检修计划，同时做好检修工作安排，在规定的时间内完成电网及设备的检修工作。

2. 计量装置的准确到位

电力计量管理是否到位，对电网线损率的统计、计算准确度有直接影响，是进行电网线损管理的重要问题。在进行电网线损统计时，需要使用高精度的互感器进行计量，根据工作需求按周期校验、轮换电能表，及时更换达到使用年限的电能表，尽量选用寿命长、计量精度高、过载能力强、自身损耗较低的电子式智能电表。在条件允许的情况下，要尽可能采用远程自动化抄表系统，实现用电数据的后台抄表，在减少电力工作人员的同时，减少人为因素造成误差的可能，避免人为因素引起的线损。当电力计量设备出现故障或异常时，要及时进行检修和处理，不允许电力计量设备在异常状态下进行计量，因为此时的电力计量数据存在较大偏差，有可能造成较大的电能损耗。

3. 电表抄核工作质量

在需要人工抄表的电力系统中，电表抄核的质量对线损的影响较大，特别是当供电、售电的抄表时间不同步时，虽然不会引起直接的电能损耗，但是在下一个抄表周期会影响线损。另外，同一配电线路中高、低压表抄表时间不同，按照传统方法计算线损时，会产生较大的统计线损，甚至有可能出现负线损的极端情况，影响对电网线损的统计分析。

4. 偷电漏电

在电网管理工作中，偷电、漏电也是线损管理的重要问题，如果不能采取有效措施及时处理偷电、漏电行为，将会造成较大的人为线损。偷电、漏电行为不仅会直接损害电力企业的经济效益、造成电能损失，而且会大幅度增加当地电网的线损率，对电力设备、电力线路的安全运行产生损害，严重时会引发电力安全事故，甚至威胁用电户的人身安全。

6.5.3 降损措施

在电力系统中，发电、输变电、配电等各个环节都有可能产生线损，可以将线损划分为技术线损和管理线损。针对两种不同类型的线损，可以通过采取技术手段和加强管理两方面的措施降低线损。

6.5.3.1 技术降损

对于技术线损的管理和控制，主要采用输变电线路的建设和改造、对理论线损的分析和评估、电网运行调度和经济运行、使用新材料和设备等方法。技术降损需要结合电网的实际情况和技术参数，首先计算出电网的理论线损，对电网现有设备的电能损耗情况进行客观评估，再采取技术降损措施，在这一过程中理论线损的计算是非常重要的环节。电力系统是非常复杂的系统，建成以后需要进行不断的升级和改造，要进行全生命周期的线损管理，需要在资金、资源方面进行不断的投入，

用以改善电网的架构，提高电网供电能力，降低电网线损。需要注意的是，电力企业在技术降损的过程中要兼顾企业效益，需要从经济性、合理性的角度进行评估。根据电能损耗的计算公式可以看出，提高负荷的功率因数、提高电网运行的电压水平、改变电网的接线及运行方式、对电网进行技术改造等都可以达到降低网损的目的。

1. 提高电网运行的负荷的功率因数

在技术降损措施中，提高电网负荷的功率因数是重要的手段。在城市电力系统的负荷中，一般有占较大比重的异步电机，这是造成电网线损的重要因素之一。

2. 提高电网运行的电压水平

在一般情况下，当电网中变压器铁损占总损耗的比重低于50%时，提高电力系统的运行电压可以有效降低线损。当变压器铁损占总损耗的比重大于50%时，提高电压反而可能增加线损，此时需要适当降低电网运行电压。6~10 kV 农村配电网络一般就属于这种情况。

3. 改变电网的线接及运行方式

当闭式电网内的功率按各段电阻分布时，电网整体的有功功率损耗最小，此时的功率分布被称为经济功率分布。对于均一电网，自然功率分布就是经济功率分布。对于非均一电网，自然功率分布和经济功率分布存在差异，可以使用加装混合型加压调压变压器、串联电容器等方式调整自然功率分布，使电网处于经济功率分布状态。

4. 对电网进行技术改造

对电网进行技术改造主要包括对原有电网进行升压改造、简化网络结构，减少变电层次、提高电网调峰能力等方式。增加并列线路运行可达到分流和降损的目的。

6.5.3.2 管理降损

管理降损主要体现在电网的日常运行管理中，具体的降损措施包括建立有效的降损管理制度和组织体系、采取有效的降损考核激励机制、开展降损专项行动等工作，也包括及时更新电能计量设备，实现远程抄表管理，加强核准计量设备信息档案管理等内容。需要注意的是，反窃电也是管理降损的重要工作。

管理降损的核心是通过加强电网管理，减少人为因素对电网运行、电力数据计量的负面影响，降低电网损耗。

6.5.4 线损精益化管理

6.5.4.1 优化线损管理工作流程

线损管理工作是围绕目标、考核、激励、纠正这一主线进行的，通过持续改进不断提高线损管理水平，如图6-4所示。

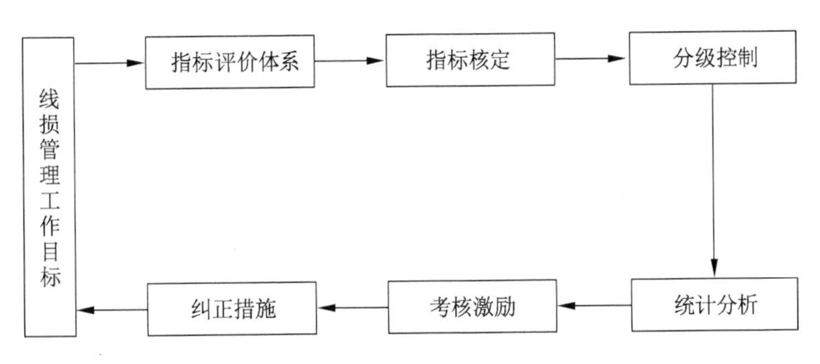

图 6-4　优化线损管理工作流程图

6.5.4.2　建立线损管理评价体系

线损管理是一个复杂的系统性工作，在推进落实的过程中必须建立有效的线损管理工作评价体系。参考国内外线损管理实践经验，线损管理评价体系应由两类指标构成，分别是线损率和线损管理水平。通过对各项指标的核定、评分，客观评价线损管理情况，通过考核激励的方式进行目标牵引，实现线损管理水平的不断提高。

1. 线损评价指标核定

35 kV 及以上线路的线损评价指标：应根据近 3 年电网线损统计数据、按照当前电网情况计算的理论线损数据，制定电网线损考核指标，提出有针对性的降损计划。

10 kV 线路线损评价指标：应根据近 3 年电网线损统计数据、结合理论线损数据、电网建设规划、电网负荷增长等因素制定各线路的综合线损指标，提出有针对性的线路降损计划，明确各线路的降损工作责任人。

低压线损指标：根据近 3 年的线损统计数据、典型台区线路的理论线损值，结合电网改造升级、负荷增长等情况制定配变台区的线损考评指标，提出有针对性的降损计划，明确各区域、线路的降损责任人。

综合线损指标：在近 3 年综合线损数据的基础上，兼顾无损专线用户等因素制定综合线损指标。

2. 指标统计分析

统计口径：对于不同考核周期的线损数据进行统计和分析时，要使用统一的数据统计方法和口径。其中，10 kV 线路的线损以变电站侧 10 kV 出线表和变压器二次计量电表的读数为基础，进行统计和计算；低压线路的线损以配电变压器二次计量电表读数、变压器对应的电力客户计费电表读数为基础进行计算。

理论线损的评估：电网的理论线损应每半年计算核定一次。根据理论线损计算情况，每半年可以调整一次线损考核指标。

线损报表：在线损管理工作中，各部门需要按照统一的报表格式，定期提交线损报表和线损分析报告，报表要能够体现出当期和累计的线损管理情况，对线路的

线损进行同比分析、波动分析。需要注意的是，线损报表中包含线路的售电量信息，需要与营销部提供的数据一致。

6.5.4.3　完善线损管理制度保障

规范化的线损管理工作应该以制度为基础，应该对现有的涉及线损管理的相关制度进行汇总、梳理，去重补缺，形成体系化的线损管理工作制度体系，需要建立的线损管理制度包括：线损管理工作绩效考核管理办法；线损管理相关部门和人员的岗位职责；线损管理例会及统计数据报送制度；电能计量设备管理规范；线损管理专项奖励制度；等等。

6.5.4.4　建立线损管理绩效考核机制

在企业管理中，绩效考核是进行任务分解和提高员工工作积极性的有效途径，科学、客观的绩效考核能够使员工的个人目标和企业目标保持一致，企业内部资源导向促进企业成功。在开展线损管理的过程中，需要建立符合企业实际情况的绩效考核机制，这样才能促进线损管理工作可持续发展。

1. 考核内容

线损管理绩效考核体系的考核内容，应该围绕线损管理的核心指标，以电网综合线损率、低压线路线损率为基础，根据不同线路和单位的工作职责，设置量化考核指标。

2. 考核指标

考虑到线损管理是一项需要多个部门共同参与的工作，为了充分调动相关部门在线损管理工作中的积极性，对线损管理的绩效考核应使用双指标模式，在下达线损考核指标时应首先开展理论线损值的评估和计算，然后基于理论线损值下达两个层面的线损管理考核指标。第一个层面是及格指标，该指标应该通过正常的工作就能实现，对于实现指标的部门、员工可以给予必要的奖励，对于不达标的部门、员工要进行必要的处罚；第二个层面是激励性指标，相关部门、员工需要进行努力的工作，才能完成该指标。对于完成指标的部门和员工，要在常规奖励的基础上给予专项奖励。

3. 考核方式

在运行管理中，线损管理工作是由多个部门在一定的组织模式下协同完成的，对线损管理的绩效考核不同于部门内部考核，需要由线损管理工作领导小组安排专人，每月对各部门、各线路线损管理工作的推进情况进行数据汇总和评估，并在考核周期末安排专人按照线损管理绩效考核指标，计算各部门、相关员工的考核评分，并确保评分结果参与员工的奖金评定，最大限度地调动员工参与线损管理工作的积极性。在这一过程中，需要注意以下问题：

第一，根据线损管理工作的部门协同关系，对线损管理专业指标的数据统计和评分，需要由相关的业务部门根据实际线损数据情况进行评分。

第二，线损管理考核指标的评分情况，必须与相关部门、工作的年终奖和绩效奖金挂钩，不仅要有奖励措施，还要设置合理的惩罚手段。

第三，针对电网的实际情况，对于10 kV配电网单线路、单个台区的线损管理，可以实行“承包式”考核，对负责相关线路、台区的员工进行高权重的线损管理指标考核。

第四，要通过绩效考核的方式推动线损管理试点工作，对于使用新技术和新设备进行降损实验的线路、开展重点降损专项工作的线路，要给予一定的考核倾斜，用绩效考核的“指挥棒”促进线损管理工作的稳步推进。

6.5.4.5　加强技术降损手段的应用

从本质上看，线损是电力系统的固有属性，降低线损最直接、最有效的途径是通过技术手段降低线路损耗，这就要求在电网建设和管理过程中加强技术降损手段的应用。

1. 合理使用变压器

变压器是电网中部署数量最多的无功设备，从线损的角度来看，变压器引起的电能损耗为电网电能损耗总量的35%～60%，要想做好电网线损管理，必须降低电网中变压器引起的电能损耗。根据电网的实际情况，在线损管理中要切实降低变压器的损耗，可以从三方面开展工作：第一，尽量选用节能的新型变压器，通过降低变压器损耗有效控制电网整体线损水平；第二，在变电站规划建设的过程中，可以采用两台以上变压器进行并联运行的模式，在提高供电可靠性的同时，可以根据电网负荷动态调整变压器并联运行的数量，有效降低变压器的损耗；第三，在农网负荷密度较小的情况下，应该按照“小容量、密布点、短半径”的模式进行变电站的建设和改造。其中，使用新型低损耗变压器是在变压器环节降低线损的关键。在节能改造和新线路建设中，大量使用的非晶合金变压器就具有很好的降低线损的能力。与传统变压器相比，非晶合金变压器使用新型导磁材料非晶合金制作变压器铁芯，具有很低的空载损耗和很小的空载电流。

在使用低损耗变压器的同时，必须做好电网运行过程中变压器的参数配置和管理，使变压器处于经济运行状态下，这也是变压器节能降损的重要工作。当电网中出现三相负荷不平衡时，将增加线路损耗、降低电网线路的经济性。因此，在电网运行过程中需要开展变压器实时的负荷监控，动态掌握配变设备的运行参数和线路负荷变化，发现容量或负载不匹配的变压器时，可以进行调换、调整，出现三相负荷不平衡时，可以通过调整负荷的方式，实现线路三相的基本平衡。

对于长期处于轻载运行模式的变压器，要及时进行“换小”操作，避免“大马拉小车”导致的线损；对长期超负荷运转的配电变压器，要及时进行增容，在降低线损的同时消除安全隐患；对于农村电网中的排灌专用变压器，在非灌溉期要及时关停变压器，减少线路空载带来的电能损耗。

2. 合理选择导线类型和截面积

输变电线路本身的电能损耗是电网线损的重要组成部分，降低线路损耗是电网线损管理的重要技术手段。输变电线路损耗电能的大小是由线路的电阻值决定的，根据导线电阻计算公式，不同导线输送相同功率电能时，线路上损失的电量和线路的电阻值成正比，降低线路电阻值能够有效降低电网线损。对于输变电线路而言，决定电阻值的因素主要是导线材质和横截面积。

在导线材质方面，近年来出现的碳纤维复合导线是一种具有较低线路损耗的导线，应在新建输变电线路、既有线路改造中使用该材料。碳纤维复合导线是高强度碳纤维复合输电导线，由芯体和包裹在芯体外围的环形导电层构成，芯体为碳纤维组成的导电芯体，环形导电层由铜、铝、铝合金线紧密包绕在芯体外围构成，其结构如图6-5所示。碳纤维复合导线具有质量轻、损耗低、耐腐蚀等优点，使用于架空线路时能够明显降低线路损耗。

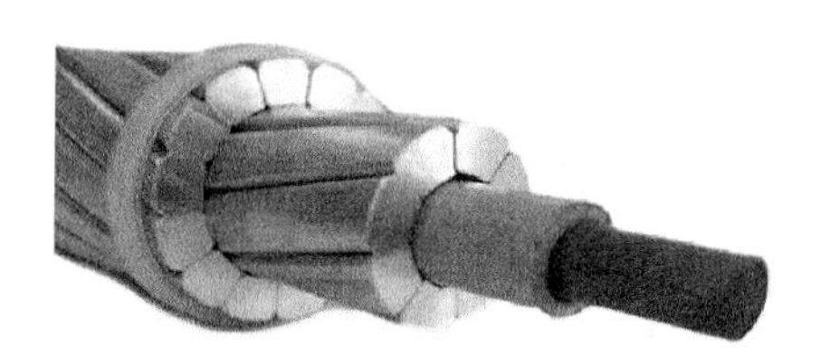

图6-5　碳纤维复合导线结构图

在相同材质的情况下，导线的横截面积和电阻值成反比，因此增大导线横截面积也可以降低线路损耗。需要注意的是，不能为了降低线损无限制地增加导线的横截面积，这是因为当导线横截面积增加时，线路成本会大幅度提高，而且会增加导线的重量，将对电网整体的建设施工造成其他方面的浪费和损失。

3. 提高电网功率因数

在电网运行过程中，电气设备会消耗低压配电网中的感性负荷，引起配电网电压不足、功率因数降低等现象，导致电网线损增大。理论研究和大量实践都证明，提高电网功率因数可以有效降低线损，对于覆盖面积较广的输变电网络而言，提高功率因数的方法主要有两种：第一，在选择电气设备时尽可能使用功率因数较高的设备，根据电网运行情况合理调度，及时停用轻载、空载设备，提高电网自然功率因数；第二，合理使用无功补偿设备，提升变压器的供电能力，从而提高电网的功率因数，降低整体线损水平。

在开展线损管理工作中，要高度重视无功补偿设备的部署和使用，首先要进行统筹规划，做好电网的无功补偿分析和计算，合理规划需要使用的无功补偿模式，应主要使用配电线路补偿、配电变压器随器补偿、客户侧就地补偿等模式。在无功补偿设备的选择方面，要尽量使用自动投切设备。其中，配电线路补偿是在配电线路上安装无功补偿电容器，该模式投资小、设备部署和维护简便，在负荷大、功率因数较低的配电网线路中能发挥很好的无功补偿作用；配电变压器随器补偿是在变电站部署无功补偿设备，加大电网整体的功率因数、提高母线电压，补偿变压器和电网线路的无功损耗，该模式管理简便，能够对电网进行大范围的功率平衡；客户侧就地补偿指对 50 kVA 以下容量的固定负荷用电户，在使用箱式无功补偿设备的基础上，增加一级自动补偿。

4. 控制低压配电距离

在输变电网络中，增加供电线路的长度会增大线损率，应合理规划、有效控制配电网线路长度，在满足输变电需求的情况下尽可能缩短供电线路长度，控制电网的供电半径，在避免供电迂回现象的同时，避免“近电远输”，并有效降低电网的整体线损水平，提高电网的供电质量。在输变电线路长度控制中，应充分考虑电缆和导线的载流量、降压限制，在此基础上结合电网实际情况、技术标准和投资成本，确定线路的合理长度。

5. 加强电能计量装置及抄表管理

电能计量装置是电网中电能进行计量、统计的设备，其准确性决定了电能统计数据的质量，是开展线损管理的基础。在加强电能计量设备管理方面，应从以下方面开展工作：第一，做好计量设备入库时的检验和质量控制。对于通过招标采购渠道购置的电力计量设备，应将厂家技术实力、设备的质量作为招标的最大权重要素，在设备入库前先要严格审查设备的出厂证明和检验证明；第二，加强设备校验质量管理。在进行设备校验的过程中，要安排专业的计量人员进行校验操作，要严格遵守相关技术规程，确保电能计量设备的校验准确可靠，同时要对校验数据登记造册，以便进行设备跟踪和管理。第三，严把计量设备安装质量关。在电力计量设备安装过程中，将质量管理作为首要工作，对电力计量设备的安装权限进行严格管理，选择合理的接线模式，坚决避免出现单相表计“公用零线”等不规范接线模式。

6. 电网规划中重视电力负荷预测

对电力负荷进行客观、准确的预测，是电网建设规划的基础。在开展线损管理的过程中，要高度重视电网负荷的评估和预测，按照多个时间维度，开展电网建设的长期规划、中期规划和三年规划。需要注意的是，电力系统负荷预测是一项技术性、专业性很强的工作，要获得客观的预测结果，需要科学的预测方法和技术手段，由专业团队开展电力负荷预测工作。在实际工作中，中、长期负荷预测主要是为电网建设的规划服务，短期的负荷预测主要用于制定近期电网建设计划，因此中、长期负荷预测可以宏观，短期负荷预测必须具体、准确。

7. 加强配电线路及设备运行维护

在电网运行过程中，加强对配电线路、配电设备的运行维护，能够有效提高电网运行质量，降低电力系统的线损，可以从以下方面开展工作：定期处理绝缘子表面的污秽物，及时更换老化的绝缘子、避雷器，减少由于设备污损或老化引起的泄漏电流；对树木植物干扰线路绝缘的情况，要进行定期排查并及时进行处理；在电网建设、改造施工过程中，要严格遵守施工规程和工艺要求，对电力线路导线的接头做好降阻处理；对于低压线路中大量存在接线不良的实际情况，应开展集中的农网线路接头排查工作。

第 7 章

增量配电网多维精益化大数据管理

7.1　大数据分析概述

现代科学技术的迅猛发展，使得数据量呈爆炸式增长，传统的计算技术已不能满足庞大数据的计算和分析，软件的处理中心由以流程控制为核心转向以数据价值挖掘为核心，已成为不可阻挡的趋势。庞大数据的价值挖掘在趋势预测、个性化推荐、事物关联性等多个方面有着极其广泛的应用。在美国提出大数据研究和发展计划的影响下，大数据挖掘战略已经逐渐成为许多国家核心战略的重要组成部分，英国、日本等国家紧随其后提出大数据发展战略，我国近几年也出台了相应的大数据发展战略。大数据的概念是在物理学、气象学、生物学等科学领域首先被提出，面对大量的科学数据在获取、存储、搜索、共享及分析中遇到的问题，一些新型分布式计算技术陆续被提出并开发应用。

对于大数据的定义，目前还没有统一的标准，不同研究机构和数据开发公司从不同的角度给大数据下定义。其中，维基百科中为："大数据，或海量数据、大资料、巨量数据是指所涉及的数据量巨大到无法通过人工在合理时间内截取、管理、处理，并整理成为人类所能理解的信息。"百度百科给出的定义为："大数据所涉及的数据量规模庞大到无法用传统软件工具，在合理的时间内摘取、管理、处理并整理成为帮助企业经营决策更积极目的的资讯。"美国国家标准技术大数据研究工作组对大数据的定义为："大数据就是指采用传统数据架构无法快速有效地处理的新型数据集，因此需要采用新架构来高效地完成数据的处理，这些数据集的特征包括数据容量、数据类型多样性、多领域差异性、数据动态特征等"。从上述大数据的定义可以看出，没有一个是对大数据量的绝对值作为大数据的衡量依据；如果接着以大数据量的特征对大数据的概念加以补充，就能对大数据的概念有更清晰的定义。

针对大数据的特征，目前业内人士通常以"4 V"来描述，即 Volume、Variety、Velocity、Value。

Volume（数据体量巨大）：数据体量巨大特征是区分大数据与传统数据量的最明显特征，一般认为大数据量是数据量急剧增长。关系型数据库处理的数据量在 GB 或 TB 量级，而大数据量通常在 TB 级以上。

Variety（数据种类繁多）：大数据处理的计算数据类型已经不是单一结构化数据或文本类数据，它包含图片信息、音频信息、视频信息、日志信息、订单信息、云信息等多个方面、各种复杂结构的数据。

Velocity（处理速度快）：大数据的获取具有时效性，要求必须合理处理大数据才能最大化地挖掘、利用大数据所潜藏的商业价值。在大量数据面前，需对所获取信息进行实时处理分析，而数据处理的效率就是组织的生命。

Value（数据潜在价值）：大数据处理的目的就是从海量数据中挖掘出潜在的高价值信息。上述三个特征已能足够表征出大数据特点，但在庞大的商业领域，大数据蕴含的价值特征显得极其重要，投入大量的研究和技术开发，就是为了能够洞察大数据潜在的巨大价值。如何有效地通过机器学习和高级分析从海量数据中迅速提取出有价值的数据信息，是目前大数据应用背景下亟待解决的问题。

7.2 大数据分析流程管理

大数据分析业务流程包括产生数据、聚集数据、分析数据和利用数据 4 个阶段（见图 7-1），其与一般的业务流程相类似，只是这一业务流程在大数据平台和系统上执行。

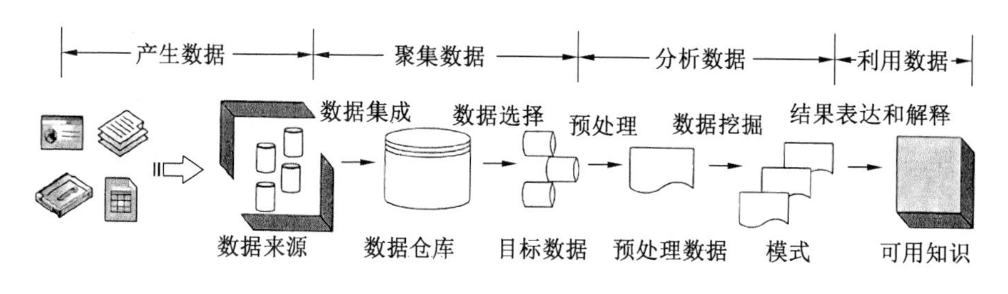

图 7-1 大数据分析业务流程

7.2.1 数据的产生

在组织机构日常的经营、管理和服务的业务流程运行中，企业内外部信息系统产生了大量存储于数据库的数据，这些数据库对应着每一个应用系统并且相互独立。在企业的内部信息化应用中，会产生各式各样的非结构化数据，如文档数据、交易日志、网页日志、视频监控数据、各类传感器数据等，此类数据被称为大数据挖掘应用中可以被发掘潜在价值的内部数据。在企业外部建立的电子商务平台、采购平台及客户服务关系等都能够帮助企业收集大量的外部结构化数据，企业的外部门户、移动 APP 应用、博客、微博等系统则能够收集大量的非结构化数据。

7.2.2　数据的聚集

企业内外部已经产生大量的结构化、半结构化及非结构化数据，需要将这些数据有效地组织和聚集起来，建立企业级的数据结构，有组织地对数据进行采集、存储和管理。首先，实现对不同数据库之间的整合，建立起统一的数据模型，实现关键数据的管理。其次，在统一模型的基础上，利用提取、转换和加载（ETL）等技术，将不同应用数据库中的数据聚集到数据仓库（DW），实现内部结构化数据的集成，为数据的智能分析奠定良好的基础。在实际应用中，对于非结构化数据采用数据仓库聚集的效果并不理想，这就需要我们对非结构化数据做更深层次的处理，即引入新的大数据平台和技术针对非结构化数据进行相应的处理和集聚。内外部结构化数据、非结构化数据的统一集成则需要实现两种数据（结构化和非结构化数据）、两种技术平台（关系型数据仓库和大数据平台）的进一步整合。

7.2.3　数据的分析

聚集起来的数据是大容量、多类型的大数据，分析数据的主要目的就是提取信息、发现知识、预测未来的关键步骤。组织内部数据的分析是为了发现数据反映组织业务运行的规律，创造业务价值。对于企业而言，基于上述聚集的大数据可对用户满意度、用户行为、用户需求、市场营销效果、可靠性、风险等各方面做出分析。对于政府和其他事业机构而言，可进行公众的行为模式分析、经济预测分析、公共安全风险分析等。大多数数据的分析和处理需要借助模型和算法，因此，优秀的数据处理模型在数据分析环节充当着不可或缺的角色。

7.2.4　数据的利用

数据分析结果不仅呈现给数据科学家，而且需要呈现给更多的非专业人员，这样才能真正发挥其作用。客户、业务人员、高级管理者、社会大众、媒体、政府监督机构等都是大数据结果的最终使用者。因此，针对大数据分析结果，应当根据不同角色、不同人员对数据的不同实际需求提供给他们。

7.3　大数据分析技术

基于大数据的 4 V 特征，只有对大数据进行充分彻底的分析，才能获取更多智

能的、深入的、有价值的信息。通常来讲，大数据分析技术就是对各种各样数据的搜集、分类、存储、挖掘分析及可视化的一种技术，能够解决大数据问题、分析得出高价值信息的工具集合。广义上的大数据分析应该包括大数据挖掘和统计分析。因此，大数据分析包括以下几个方面内容。

1. 数据可视化分析

数据可视化分析是大数据分析的主要前提和必要途径，可视化的数据更加直观，可以引领观众进入角色，让数据说话。

2. 大数据挖掘算法

可视化的数据能直接展示给观众，而大数据挖掘是直接面向机器学习的。大数据挖掘算法能够对数据对象进行集群分析、分割分析和孤立分析，从不同角度、不同程度地深入数据内容挖掘数据潜在价值。挖掘算法不仅要处理海量数据，而且对海量数据的处理速度也有要求。

3. 预测性分析

数据挖掘可以帮助数据科学家更好地理解数据，而预测性分析可以让分析专家根据可视化分析和数据挖掘结果对数据进行一系列预测性质的判断，帮助判断数据挖掘结果的导向和趋势。

4. 语义引擎

非结构化数据对海量数据的分析带来很大挑战，因此，我们需要采用一系列有效工具对其进行提取、转化和分析，而语义引擎就是一种能从非结构化数据中智能提取信息的工具。

5. 数据质量和数据管理

通过大数据挖掘得到的高价值进阶数据，通过标准化的流程和工具对其进行处理可以保证高质量的分析内容和结果。

在上述5个方面的大数据分析内容中，各个环节层层相扣、紧密相连，各个层次的分析内容均对高质量的大数据分析结果有很大的影响，尤其是大数据挖掘算法；了解基于数据挖掘和机器学习的高级数据分析方法，能够帮助数据分析人员基于业务需求、初始假设、数据结构等选择合适的数据处理技术。大数据挖掘的高级分析方法一般包括数据分类、聚类分析、关联规则、回归分析、预测及偏差分析。

7.4 电力大数据信息价值评估方法

随着售电侧市场逐步放开，未来的交易主体和市场构成将更为丰富广泛，更加平等的市场竞争将因此形成。这迫使电力企业改变传统的经营思维，真正做到以客户为中心，有针对性地采取价格措施和激励政策，追求用户利益最大化。对电力用户侧数据价值的科学评估是管理者对其进行有效利用和精确决策的基础和依据。例如，用户的用能数据（如用电功率、时段、时长等），可能蕴含着用户的消费习惯、生活方式等重要的商业信息，具有一定的商业价值，管理者可以依据数据中的知识做出合理的决策。然而，现有研究成果并没有形成一个完整的、成熟的数据价值评价体系，用来指导智能电网信息系统的规划与运行。因而研究数据价值的评估方法，对电力用户侧数据潜在价值的挖掘具有非常重要的理论意义和实用价值。

7.4.1　电力用户侧数据特征

随着国家大力推进智能电网建设，电力企业大量部署智能电表和传感技术的广泛应用，智能家居逐步推广应用，电力系统产生了大量多源异构数据。智能家电产品的开发与物联网和大数据技术的发展，将会产生更多多源异构的用户侧数据。电力用户侧大数据的特点如下：

（1）数据量巨大。例如，美国太平洋天然气电力公司收集了超过 3 TB 的数据，这些数据来自用户的 900 万个智能电表，按此数据规模，每年将存储超过 39 TB 的数据。假设一个地区有 10 000 套传感器终端，终端按每 5 min 采集一次数据，每 30 天将存储数据总量将接近 9.3 TB，每年存储的数据将达到 1 PB。随着国家大力推进智能电网建设，电力企业大量部署智能电表和传感技术的广泛应用使得数据飞速增长，如此庞大的数据需要长时间的存储，还要进行复杂的数据分析。

（2）数据结构类型繁多。随着大量传感器、智能表计及智能家居的广泛使用，收集到各种结构化、半结构化及非结构化数据，并且非结构化数据越来越多，这些数据来源广泛，结构复杂，对数据的处理能力提出了更高的要求。

（3）价值密度低。数据价值密度随数据量的增加而减少。

（4）数据具有交互性。电力用户侧的一个重要特性之一是交互性，其价值不仅在电网内部，更包括在整个经济社会中，电力用户侧的数据与外部数据进行交互可进行全方位的价值挖掘，充分发挥电力用户侧数据价值。

7.4.2　信息价值评估的基本原理

由于信息技术的发展，每天通过包括电力信息通信网络在内的各种网络产生的信息数以亿计，手机、电脑等用户终端也在不停地产生信息，可以说信息无处不在，其中哪些信息有价值，这些价值如何评估是发现信息潜在的应用价值、经济价值的重要问题。

不同类型的电力用户对不同的价格激励和经济激励有不同的响应，最直接地影响用户的电费变化，进而转变为经济效益，当此效益具有足够的吸引力时，电力用户即调整用电方式，做出响应行为。因此，考察电力用户侧数据信息价值应充分考

虑用户需求响应行为，以电费变化来衡量信息价值是十分直观的形式。

7.4.3 电力用户侧数据信息价值评估指标体系

为了评估电力用户侧数据信息价值，首先应构建价值评估指标体系（见图 7-2），主要包括数据质量、用户用电特征、用户配合度和经济激励政策。

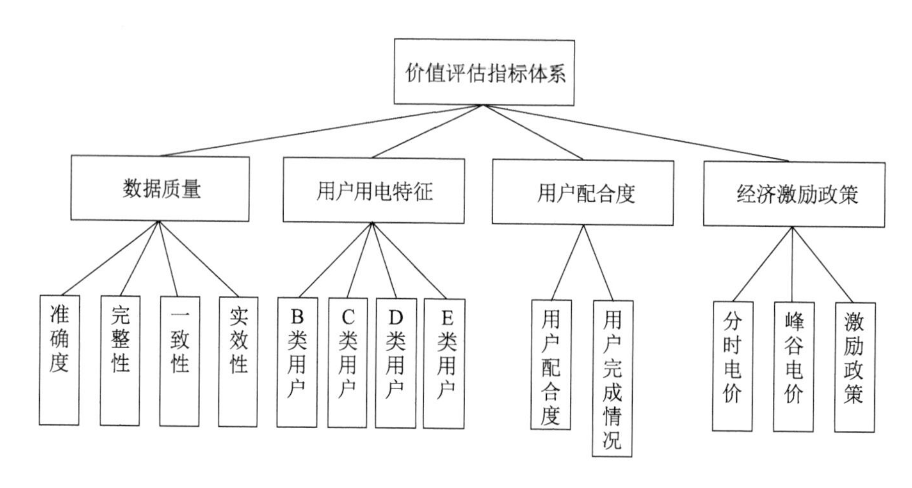

图 7-2 用户价值评估指标体系

（1）数据质量，包括数据的准确度、完整性、一致性、实效性等。数据质量可以反映所采用数据的可信度。

（2）用户用电特征。一般以用户过去一年的用电特征曲线为衡量标准，根据基于自适应模糊 C 均值子空间聚类算法将用户进行聚类分析。不同的用电模式的用户对错峰用电的调控潜力有明显的差距。

（3）用户配合度，指用户在响应削峰填谷政策时所表现出来的积极程度及完成情况，与用户的经济水平和行为习惯有关。如果用户经济水平高，可充分应对高价电价，其对错峰用电的重视程度可能降低。

（4）经济激励政策，包括分时电价、峰谷电价、响应补贴等。

用户侧数据的信息价值评估指标的选取与很多因素有密切相关，但许多信息价值因素由于量化过程较为困难，在指标体系中暂不考虑。

7.5 增量配电网用电大数据盲区及解决方案

目前电网企业能够采集到的用电数据仅限于电能表，不能深入客户家中。通俗地讲，电网企业目前能够知道客户用了多少度电，但每一度电用在哪里，却无法得

知。也就是说，智能电表能够采集到的数据只是客户粗犷的用电总量，没有精细的分量数据，导致电网企业与客户之间的用电数据割裂、分离。于是，这种现状造成现有采集的数据利用价值不高，可挖掘程度不够。这些粗犷的用电总量不能完全为电网企业市场战略决策提供有力的数据支撑，如图 7-3 所示。智能电表计量的粗犷的总用电量，客户无法得知家庭用电的分布情况，无法进行用电行为的优化；电网企业无法获取客户最详细、最一手的用电信息情况，如电器的分类用电数据、电器的分时段用电数据、电器的分电价用电数据、损耗情况等。因此，就没办法提供精准的分析与决策支持，如精准的调峰调频策略、精准的分布式新能源的调度策略、精准的负荷预测等。

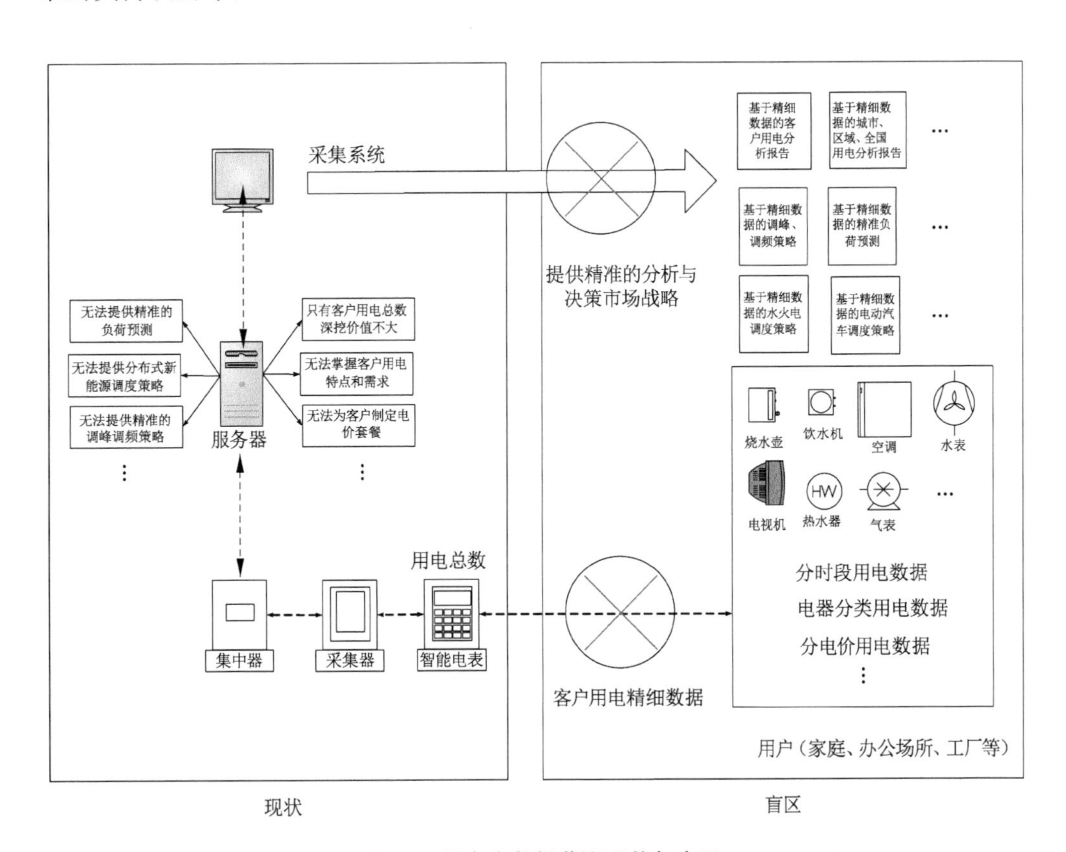

图 7-3　用电大数据获取现状与盲区

随着电力行业市场化的改革趋势，售电权限放开，只要掌握并积累客户最基础、最详细、最一手的用电信息，就能占领先机，留住客户。可见，企业亟须在“电表后，客户家”安装精细数据采集器，将客户精细用电数据与企业采集系统连接起来。例如，使用节能型智能插座建立连接，通过选择“试点小区，免费送出”，建立口碑；然后实行“优惠推广，免费提供”的营销策略，使该款插座低门槛进入千家万

户。“优惠推广”是指向用户推出“购买节能型智能插座，APP电费红包”活动；“免费提供”是指向购买用户终身免费提供用电分析报告和科学用电指导。对于用户，该插座非常优惠，能解决“待机能耗”，节约电费；能实时掌控家用电器，又具备其他智能插座的功能，能大幅提高生活质量；还能免费提供用电分析报告，指导科学用电。对于电网企业，能够通过这款插座采集到千家万户的用电精细大数据，这些数据通过智能电表和采集器最终传送至服务器和营销采集系统，建立用户用电精细大数据库。对于国家，节能型智能插座的推广，每年将为社会节约一大笔电能和煤，还减少了碳排放，因此可以申请国家补贴来推广此项目。该方案很好地解决了以上存在的问题。该项目的实施能够打破智能电表到用户家的用电数据壁垒，通过低成本操作收集到大数据，掌握用户的一手资料。

建立的用户用电精细大数据库具有以下作用：

（1）了解客户用电详细情况，为其定制个性化的专属电价套餐，引导科学用电，锁住客户。

（2）为电网公司和政府提供分城市、分区域、分时段、分电器类型、分用电性质等，小到一台具体的电器，大到整个社会的详细用电情况。详细了解整个城市的用电分布情况，从技术上优化电网调度和运行，为政府能源战略决策提供技术支撑。

（3）为电网公司提供分析与决策支撑。这些决策包括精准的调峰调频策略、精准的分布式新能源的调度策略、精准的负荷预测等。

推广该款“节能型智能插座”在其他方面的成效和前景如下：

（1）插座深挖数据与智能电表计量数据校核，无须现场稽查，即可远程研判客户是否存在窃电行为。

（2）为电网公司锁住客户，拓展市场。该插座与“智生活”和“电e宝”联手，有利于这三款产品完善功能与应用、拓展市场、提示客户满意度、锁住客户。

（3）符合社会和电网公司节能减排的理念，是社会发展的必然趋势和产物。

（4）插座深挖数据与智能电表计量数据校核，分析家庭损耗及布线的合理性。

（5）通过云计算和大数据，可以分析出各类家用电器的能耗水平、分布区域、故障情况，为家电企业提供最前线的数据支撑。

（6）通过掌上APP和节能插座，未来甚至可以完善客户用电资料，是客户办理一些业务的又一窗口。可作为用户与电网互动的一个平台，增强电网企业与客户的黏性，全方位把控用电市场。

（7）争取国家补贴资金，用于节能型智能插座的推广，因为推广插座将为整个社会节约一大笔能源，而国家补贴的最终受益者还是老百姓。

7.6　大数据在电网企业中的应用现状

2015年4月，国网江苏省电力公司做了一个超乎寻常的预测，预计江苏全省当年的用电高峰将出现在8月6日，最高负荷将达到8 481万kW。天气预报尚且无法知晓4个月以后的准确天气，在盛夏到来之前就测算出负荷高峰日期和用电量，听起来简直是“天方夜谭”。然而4个月之后的8月5日，江苏省出现用电高峰，最高负荷8 440万kW，与预测日期只相差1天，预测负荷只差了41万kW。在国家电网公司2016年年中工作会议间隙，国家电网公司信息通信部主任王继业讲述了这个经历，他说，这得益于挖掘了电网大数据的价值。电网大数据的类型有多复杂？仅以国网江苏电力的负荷预测为例，其中就包含多种数据类型。天气情况、实时曲线、生产运行结构化数据、三维地理地形，都是大数据分析电网负荷的类型之一。挖掘如此复杂的“金矿”，变现的最终目的在于变现后的增值。大数据已成为电网智能发展的关键。电网与互联网深度融合，成为具有信息化、自动化、互动化特征的，功能强大、应用广泛的智能电网。

国家电网公司已经在售电量预测、用电信息采集、线损管理、输变电设备状态监测等方面深化大数据应用，取得实效。挖掘电网中的相关数据，也将实现经营管理的增值。国家电网公司营销部在国家电网年中工作会上表示，未来将强化数据共享和信息支撑，为电网规划、安全生产提供数据支持；建设电力客户标签库，从服务优化、降本增效、市场开拓、数据增值四方面深挖数据价值，继续提升运营效益。强化“量价费损”分析预测，构建预测分析模型，实现“量价费”精准预测和台区线损异常智能诊断，构建分用电结构、产业结构的电价分析模型，实现经营效益影响的精准预测。此外，电网大数据中的客户消费习惯等变现，将实现服务的增值，对客户大数据的开发也改变着行业。以汽车行业为例，阿里巴巴和上汽开展了一项合作。过去，汽车用户在使用汽车时是不对汽车生产公司产生价值的，有了互联网之后，汽车就可以成为新的互联网成员，用户使用汽车的数据及时得到反馈，为传统汽车行业带来了改变。数据检验数据，在大数据平台试点上线运行后，国网山东电力基于大数据技术的用电负荷特性分类精度提升了10%。国网上海电力预测未来一天或未来一个月各区域、不同电压等级的设备故障量可能发生的数量区间，精度超过70%。国网浙江电力客户用电行为细分处理效率提升30%。国网安徽电力防窃电分析工作效率提升50%以上。国网福建电力短期重过载预警准确度超过80%。国网四川电力停电计划编制效率提高30%。国网客服中心人工服务接通率提升30%，客户等待时间减少20%，提升了客户服务能力……“我们的试点工作目前还没有达到全面应用推广的阶段。”王继业表示。但目前国家电网公司从上到

下都有了应用大数据的意识，领导层面也督促大家自觉利用大数据进行监测、服务、经营管理、生产等各方面的工作。大数据很快能够从试点实现全面的推广应用。全球能源互联网研究院计算及应用研究所也在进行大数据的相关研究，所长高昆仑在接受采访时建议，要实现推广应用，还需要研发出一个简单便捷实用工具，让广大一线的业务人员也能自主开展大数据分析挖掘工作，让数据达到物尽其用的效果。他举例说，如果说大数据是一个矿，那么现在只有会开挖掘机的专业队伍，如科研人员，才能挖矿，业务人员则由于没有合适的工具挖不了矿，不能应用大数据。从输变电、配用电、原网荷协调、调度控制、营销等各个环节，一个完整的数据链条更有利于盘活资源，真正转化为生产力，继而实现未来电网大数据的产业化。而数据的融合至关重要，让企业内部的数据和外部的社会数据关联起来，产生 1 + 1 > 2 的效果。

7.7 精益化数据管理

大数据平台的数据管理侧重于对数据模型、数据处理任务的配置和监控，包括数据模型管理、数据质量管理、数据全过程监测和数据运维管理，为大数据平台提供数据管理及运维的支撑功能，并以自主研发为主，如图 7-4 所示。

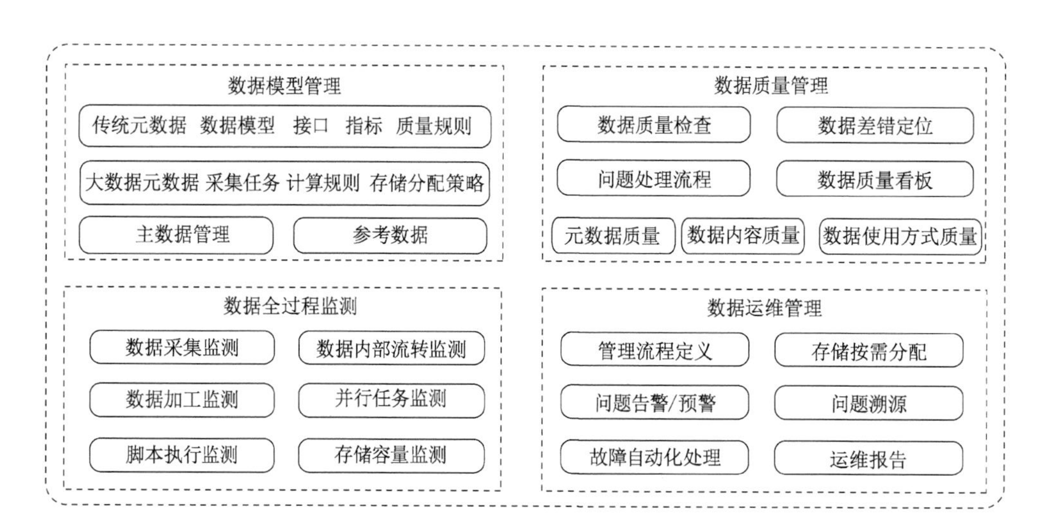

图 7-4 数据管理

7.7.1 数据模型管理

大数据平台应支持对元数据、主数据进行管理，支持对各类存储系统的数据进行数据建模，管理数据模型。

1. 元数据管理

元数据管理对元数据的概念、业务项、语义等属性进行管理，包括元数据的新增、删除、修改、查询、版本管理等功能。

2. 主数据管理

主数据管理提供主数据对象相关生命周期活动的支撑功能，包括主数据的创建、查询、更新、冻结、版本变更管理等功能。

3. 数据模型管理

数据模型管理提供对分布式文件系统、非关系型数据库、关系数据库进行数据建模的能力，并对数据模型进行管理。

7.7.2　数据质量管理

通过数据质量监测、数据质量溯源、数据质量看板等数据质量问题进行识别、度量、监控、预警，实现对数据从获取、存储、维护、应用、消亡的每个阶段全过程监控，进一步提高数据质量。

1. 数据质量监测

通过完整性、规范性、一致性、准确性、唯一性、关联性等维度进行数据分析、数据评估、数据清洗、数据监控、错误预警等，实现数据的质量监测。

2. 数据质量溯源

通过信息因素、计算因素、流程因素、管理因素等分析影响数据质量的问题所在，及时溯源解决问题。

3. 数据质量看板

支持通过不同纬度、不同指标配置管理数据质量看板，可进行看板模板定义、维护等。

7.7.3　数据全过程监测

支持多种数据采集及数据内部流转情况的监控。

1. 数据采集监控

大数据平台应通过对数据采集的各个接口进行监测，掌控数据采集链路的各个环节的流量、流速等，对数据的流转情况进行监控。

2. 数据内部流转监控

大数据平台应可对数据在存储、计算、展现、对外服务环节的数据流转情况进行监控。

7.7.4　数据运维管理

支持对数据文件、数据记录进行维护，运维报告支撑等功能保证日常运维任务

的执行。

1. 数据维护

通过数据管理流程定义、多种数据运维确保数据运维管理工作畅通有序。支持对分布式文件系统、非关系数据库，关系数据库的数据文件、数据表及数据实例进行维护，支持根据业务规则进行数据的新增、修改、删除、抽取、转换、清洗等。

2. 管理流程定义

通过大数据平台可进行数据运维管理流程的定义、申请、审核、执行功能，对管理流程进行维护。通过标准化的管理流程进行数据运维管理。

3. 运维报告

大数据平台应支持提供各类型的数据运维报告、报表，支持对运维报告进行导出、备份。

4. 运维任务执行

提供运维任务管理平台，支持统一管理和调度任务，支持多种任务调度方式，支持复杂任务调度，同时可对任务进行状态跟踪和查看。

参 考 文 献

[1] 陈德鹏，刘松，韩坚，等. 网格化配电网规划实战手册［M］. 镇江：江苏大学出版社，2018.

[2] 何惠清，韩坚，颜日. 增量配电网市场投资建设分析与案例解读［M］. 镇江：江苏大学出版社，2019.

[3] 杨剑峰. 浅谈电网企业精益化管理［J］. 云南电业，2010（09）：38－39.

[4] 詹姆斯·P. 沃麦克，丹尼尔·T. 琼斯. 精益思想［M］. 北京：商务印书馆，2002.

[5] 黄剑. 电力系统可靠性全过程优化管理体系研究［D］. 北京：华北电力大学，2015.

[6] 李哲，梁允，熊小伏，等. 基于精细化气象信息的电网设备风险管理［J］. 工业安全与环保，2015，41（12）：45－48.

[7] 辛耀中，石俊杰，周京阳，等. 智能电网调度控制系统现状与技术展望［J］. 电力系统自动化，2015，39（1）：2－8.

[8] 张煦. 基于可靠性成本/效益分析的电网计划检修优化研究［D］. 重庆：重庆大学，2014.

[9] 李文沅. 电力系统风险评估模型、方法和应用［M］. 北京：科学出版社，2006.

[10] 吴善银，李定柏. 配网生产精益化［J］. 中国电力企业管理，2008（20）：28－30.

[11] 张晋. 浅析企业改革中的精益化管理［J］. 中国商论，2017（15）：105－106.

[12] 彭晓洁. 电力企业市场体制下经济管理创新研究［J］. 通讯世界，2016（18）：157－158.

[13] 李爱辉. 浅谈提升电网企业供电可靠性精益化管理的对策［J］. 中国新技术新产品，2016（12）：173－174.

[14] 李明，韩学山，杨明，等. 电网状态检修概念与理论基础研究［J］. 中国电机工程学报，2011，31（34）：43－52.

[15] 胡文堂，余绍峰，鲁宗相，等. 输变电设备风险评估与检修策略优化［M］. 北京：中国电力出版社，2011.

[16] 孙羽，王秀丽，王建学，等. 电力系统短期可靠性评估综述 [J]. 电力系统保护与控制，2011，39 (08)：143 - 154.

[17] 王磊，赵书强，张明文. 考虑天气变化的输电系统可靠性评估 [J]. 电网技术，2011，35 (07)：66 - 70.

[18] 杨波. 构建配网精益化管理模式的探索与实践 [J]. 云南电业，2011 (02)：39 - 40.

[19] 大野耐一. 大野耐一的现场管理 [M]. 崔柳，等译. 北京：机械工业出版社，2006.

[20] 张玉莲. 基于价值流分析的 AL 公司精益生产改善研究 [D]. 上海：华东理工大学，2016.

[21] 王兴. 精益管理文化引领企业提质增效 [J]. 当代电力文化，2016 (10)：40 - 41.

[22] 孔晓芸，田玉平. 精益管理在企业中的应用 [J]. 中外企业家，2017 (21)：55 - 56.

[23] 陈永忠. 上海电力精益化管理探索与实践 [J]. 经营管理者，2008 (13)：201 - 202.

[24] 刘宇同，李成. 多措并举推动企业精益化发展 [J]. 农电管理，2008 (10)：45 - 46.

[25] 史秀云. 论精益生产对我国企业改革的启示 [J]. 学术交流，2002 (02)：21 - 23.

[26] 彭新英. 精益生产：现代生产管理的最优方式 [J]. 中国核工业，2008 (08)：56 - 57.

[27] 康杰斗. 精益生产方式中控制策略的研究与实现 [D]. 成都：西南交通大学，2004.

[28] 王语嫣. 对准时化生产 (JIT) 要素、优劣及改进方法的研究 [J]. 经济研究导刊，2017 (22)：184 - 188.

[29] 刘景彬. 精益生产在 A 公司生产车间的应用研究——基于单件流的视角 [D]. 上海：华东理工大学，2016.

[30] 陈荣秋，马士华. 生产与运作管理 [M]. 北京：高等教育出版社，2005.

[31] 兰斯·A. 伯杰，多萝西·R. 伯杰. 人才管理 [M]. 北京管理研究院，译. 北京：中国经济出版社，2012.

[32] 于佳. 供电企业工程项目标准化管理模式研究 [D]. 北京：华北电力大学，2014.

[33] 高伟. 精益 5S 现场管理的理论与实践研究 [J]. 科技资讯，2014 (35)：140.

[34] 刘伟，梁工谦，胡剑波. 基于 PDCA 循环持续改进的企业设备精益化维修 [J]. 现代制造工程，2008 (02)：5 - 8.

[35] 张小海. 质量管理体系标准中的质量技术及应用 [J]. 工业工程与管理，2013 (01)：215 - 222.

[36] 王玥. 质量管理工具的实际应用 [J]. 中国质量，2016 (07)：44 - 46.

[37] 彭张林，张爱萍，王素凤，等. 综合评价指标体系的设计原则与构建流程 [J]. 科研管理 2017 (S1)：209 - 215.

[38] 徐玖平，吴巍. 多属性决策的理论与方法 [M]. 北京：清华大学出版社，2006.

[39] 曾鸣，陈英杰，胡献忠，等. 基于多层次模糊综合评价法的我国智能电网风险评价 [J]. 华东电力，2011 (04)：535 - 539.